U0257045

泰国斗鱼雄性化技术及分子表达分析研究

Studies on Masculinization Technique and Molecular Expression Analysis of *Betta splendens*

陈华谱 著

中国科学技术大学出版社

内 容 简 介

本书通过雄激素投喂与早期浸泡的方法，研究雄激素对泰国斗鱼雄性率的影响，进而提出有效提高泰国斗鱼雄性率的技术，并实现产业应用，具有重要的生产指导作用。同时，通过开展对泰国斗鱼雌雄个体的转录组分析，获得雌雄斗鱼显著的差异基因，以期分析泰国斗鱼性别调控的网络，进一步阐明泰国斗鱼雄性化的性别调控机理。

本书适合从事生物学、遗传育种及相关专业的高校师生和科研人员参考使用。

图书在版编目(CIP)数据

泰国斗鱼雄性化技术及分子表达分析研究/陈华谱著. —合肥：中国科学技术大学出版社，2020.6

ISBN 978-7-312-04980-4

Ⅰ.泰…　Ⅱ.陈…　Ⅲ.斗鱼科—研究—泰国　Ⅳ.S965.8

中国版本图书馆 CIP 数据核字(2020)第 089382 号

泰国斗鱼雄性化技术及分子表达分析研究

TAIGUO DOUYU XIONGXINGHUA JISHU JI FENZI BIAODA FENXI YANJIU

出版　中国科学技术大学出版社
安徽省合肥市金寨路 96 号，230026
http://press.ustc.edu.cn
http://zgkxjsdxcbs.tmall.com

印刷　合肥华苑印刷包装有限公司

发行　中国科学技术大学出版社

经销　全国新华书店

开本　710 mm×1000 mm　1/16

印张　7.5

插页　4

字数　166 千

版次　2020 年 6 月第 1 版

印次　2020 年 6 月第 1 次印刷

定价　50.00 元

前　言

在水产养殖领域，雌鱼、雄鱼之间的某些经济性状（如生长速度、个体大小、成熟年龄、繁殖方式、体色、体型等）一般存在差异，因此在同等条件下，实行单一性别的鱼类养殖，不但可以提高单位面积产量，而且可以有效控制繁殖速度、提高商品鱼的质量。通过调控环境因子（温度）或激素处理来提高鱼类的雄性率，可以取得极大的经济效益，如罗非鱼、黄颡鱼、虹鳟、大西洋鲑、银大麻哈鱼等。

泰国斗鱼（*Betta splendens*）色彩艳丽、体形多姿，容易饲养，是备受消费者青睐的观赏鱼品种，并成为国内外观赏鱼养殖的热门品种之一。泰国斗鱼主要的观赏性在于其雄鱼色彩鲜艳，且天性好斗。目前通过传统的方法培育出来的苗种可利用率相对较低，也就是所谓的雄性率较低，导致优质商品鱼（雄鱼）的数量大打折扣，产业规模受到了极大的限制，大大降低了泰国斗鱼的生产效益，同时也造成了巨大的资源浪费。如何提高泰国斗鱼的雄性比例，直接影响到泰国斗鱼的规模及经济效益。因此，提高泰国斗鱼的雄性率是直接提高泰国斗鱼产业和经济效益的最直接方法之一。本书基于泰国斗鱼的生物学特性，利用雄激素（甲基睾酮，MT）浸泡与投喂的方法，研究雄激素对泰国斗鱼雄性率的影响。浸泡和投喂的结果各有优势。使用浸泡的方法得到的雄性率较高，但死亡率也高，实际换水等生产操作相对繁琐；使用投喂的方法死亡率相对较低，而且操作简单。此外，通过转录组分析泰国斗鱼雌雄个体的分子表达差异，结合分子克隆技术，克隆鉴定出一系列与性别调控相关的功能基因，并开展序列分析、组织表达分布研究及雌雄性腺表达比较分析研究，为斗鱼雌雄差异发育及性别调控分子机制的研究奠定基础，同时为后续的遗传性全雄斗鱼苗种培育提供技术理论参考。

本书的编写得到了广东海洋大学李广丽教授的指导，香港中文大学郑汉其教授、中山大学张勇教授和李水生博士等在研究过程中给予帮助，海南省热带海洋学院黄海教授提供了斗鱼养殖装置和彩图等，还有参加研究的学生们，在此一并表示衷心的感谢。

由于作者水平有限，书中疏漏之处在所难免，真诚希望读者提出宝贵的修改建议。

陈华谱

2019 年 10 月于广东海洋大学

目　录

第 1 章　泰国斗鱼的人工繁育技术研究

泰国斗鱼是国内外观赏鱼养殖的热门品种之一，它们色彩艳丽、体形多姿，且雄鱼天性好斗，是备受众多消费者青睐的观赏鱼品种。泰国斗鱼用于娱乐活动已有上百年的历史。在国外，主要是在泰国、马来西亚等国家开展斗鱼的人工养殖。泰国全年的气候均适合养殖斗鱼，目前全世界泰国斗鱼的养殖 90%以上集中在泰国。近年来，我国厦门、青岛和三亚等地均有学者开展了泰国斗鱼的人工规模化繁殖研究，并取得了显著的成效，但这些研究只局限于斗鱼养殖规模方面的提高，在育种及性别调控技术等方面尚未见报道。本书结合前人的研究报道，根据实际条件进行改良，开展泰国斗鱼的人工繁育工作，并取得了稳定的人工育苗技术，为后续开展的性别调控技术奠定了基础。

1.1　材料与方法

1.1.1　实验试剂与配制

1. 实验试剂

甲基睾酮（MT）购于 Sigma（希格玛）试剂公司，NaCl、KCl、Na_2HPO_4 和 $NaHCO_3$ 等试剂为国产分析纯。

2. 胚胎培养液的配制

10.0 mL 贮存液 1（NaCl 0.8 g，KCl 0.4 g 溶于 100 mL 双蒸水中）；1.0 mL 贮存液 2（无水 Na_2HPO_4 0.358 g，KH_2PO_4 0.6 g 溶于 100 mL 双蒸水中）；10.0 mL 贮存液 3（$CaCl_2$ 0.72 g 溶于 50 mL 双蒸水中）；10.0 mL贮存液 4（$MgSO_4 \cdot 7H_2O$ 1.23 g 溶于 50 mL 双蒸水中）；10.0 mL 贮存液 5（$NaHCO_3$ 0.35 g 溶于 10 mL 双蒸水中，现用现配）；0.002 g 的亚甲基蓝；双蒸水定容到 1 L。

1.1.2 泰国斗鱼的亲鱼培育

实验所用的泰国斗鱼来自广东省名特优鱼类生殖调控与繁育工程技术研究中心泰国斗鱼研究平台提供的雌雄亲本:年龄为2月龄,体重为8～10 g,体长为4～5 cm,体色鲜艳,健壮高活力,无体伤及疾病。亲本在标准的小型鱼类淡水养殖系统(上海海圣公司制造)中饲养,温度为28 ℃恒温,光照时间为14 h,并采用商业化饵料饲养。

1.1.3 泰国斗鱼的人工繁育

先将雄鱼放入水体高位为10 cm的繁殖缸中,再将雌鱼装入塑料小杯后放入养殖缸,并放入一块塑料小板。一段时间后,健康发情的雄鱼会将泡巢驻在塑料小板上,待雌雄鱼出现明显的“对鱼”现象,且雌鱼出现“婚姻纹”时,将雌鱼从塑料杯中放出与雄鱼进行交配,自行产卵。待产卵结束后,将雌鱼转至养殖缸,同时吸取出受精卵,用胚胎培养液清洗后置于120 mm^2的玻璃平皿中(约60个胚胎),并加入2/3体积的基础培养液,28 ℃恒温避光通风孵化。每天换一半的基础培养液,并观察跟踪记录,及时将死胚胎取出。孵化15 d之后,将仔鱼转移到0.5 L的玻璃缸中饲养,环境条件与亲本一样。

1.1.4 泰国斗鱼的胚胎发育观察

雌雄泰国斗鱼发生繁殖行为后产出受精卵,我们将观察到受精卵的即时时间记录为产卵时间,实时测量水温,对胚胎发育早期至胚胎发育卵裂期的受精卵每10 min在显微镜下观察并记录1次;囊胚期至原肠胚期的受精卵每30 min在显微镜下观察并记录1次,每次记录10枚胚胎;胚体期至孵化期的受精卵每1 h观察记录1次,每次记录20枚胚胎。胚胎发育各时期的划分主要参考大部分硬骨鱼类的胚胎发育分期方法。

1.1.5 泰国斗鱼的成鱼养殖

雌性泰国斗鱼产出的受精卵在雄鱼护卵的行为下孵化,经过33 h后小鱼就会破膜而出。孵化期间的水温保持在28～30 ℃。仔鱼前期培育也在繁殖缸中,刚出膜的仔鱼一直在水面平游,待2～3 d,仔鱼消耗完体内卵黄的营养后,便可开始投喂适量的细丰年虫作为开口饵料。15 d后的仔鱼即可投喂冰冻红虫(摇蚊幼虫),其间进行少量换水,避免小鱼因环境不适而大量死亡。培育40 d后,将仔鱼放入小型鱼类淡水养殖系统中继续混养。待斗鱼完全成长(90 d)为成鱼时就要分缸进行单独饲养。

1.2　结果与分析

将泰国斗鱼雄鱼放入繁殖缸中,同时将雌鱼放入塑料小杯中并置于繁殖缸内,发情的雄鱼见到雌鱼之后便会开始建筑泡巢,此时雌鱼便会出现深色的"婚姻纹";待泡巢建好,雌雄鱼便有明显的互动行为,也就是所谓的"对鱼"行为,成功后便将塑料杯中的雌鱼放出,雄鱼和雌鱼便开始互相展示,之后雄鱼会追咬雌鱼(图1-1,彩图1),待雌雄鱼确立配偶关系后,发情的雌鱼便主动游到泡巢下摆动身体等待雄鱼进行繁殖,雄鱼此时缠绕住雌鱼,两者出现"交尾"行为,两者的生殖孔相对,并同时排放出卵子和精子,卵子和精子结合成为受精卵,之后受精卵下沉。待交配结束后,雄鱼会将受精卵衔入泡巢。实验中共配对10对亲本,其中有5对成功交配,并产出足够的受精卵,共986粒,配对成功率为50%,受精率为96.6%。

(a) 实验室搭建的人工繁殖平台

(b) 对缸过程

(c) 追尾过程

(d) 交配行为

图1-1　泰国斗鱼的繁育过程

将受精卵清洗后，置于 120 mm^2 的玻璃平皿中(约 60 个胚胎)，并加入 2/3 体积的基础培养液，28 ℃恒温避光通风孵化，并定时用显微镜观察胚胎发育过程。受精卵呈不透明的乳白色，圆形光滑，外面有一层透明卵膜(图 1-2，彩图 2)。在水温28.0 ℃的条件下 28 min 后受精卵的细胞质向动物极集中，并隆起形成胚盘，此阶段为胚盘形成期。根据不同时间点的发育特征，记录泰国斗鱼整个胚胎发育过程及时间点。泰国斗鱼从受精卵开始，经历了胚盘形成期、8 细胞期、桑葚期、低囊胚期、原肠胚期、眼囊期、尾芽期、心跳期和孵化期等胚胎发育时期(图 1-3，彩图 3)，共需时间 33 h 34 min，孵化率达 92.4%(表 1-1)。

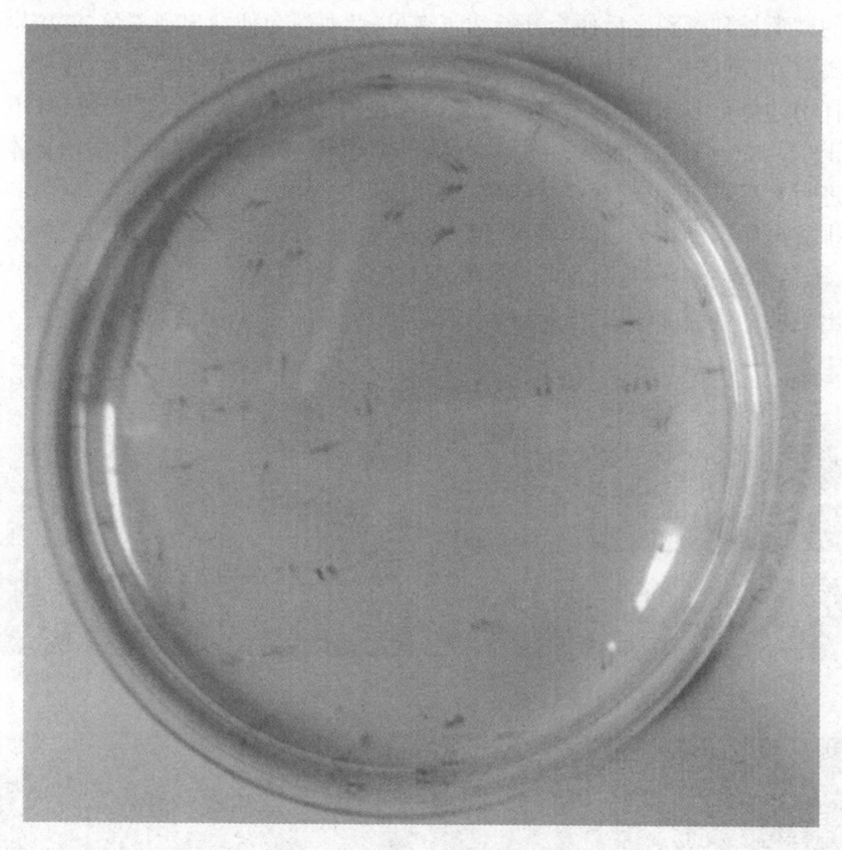

图 1-2 泰国斗鱼稚鱼培育

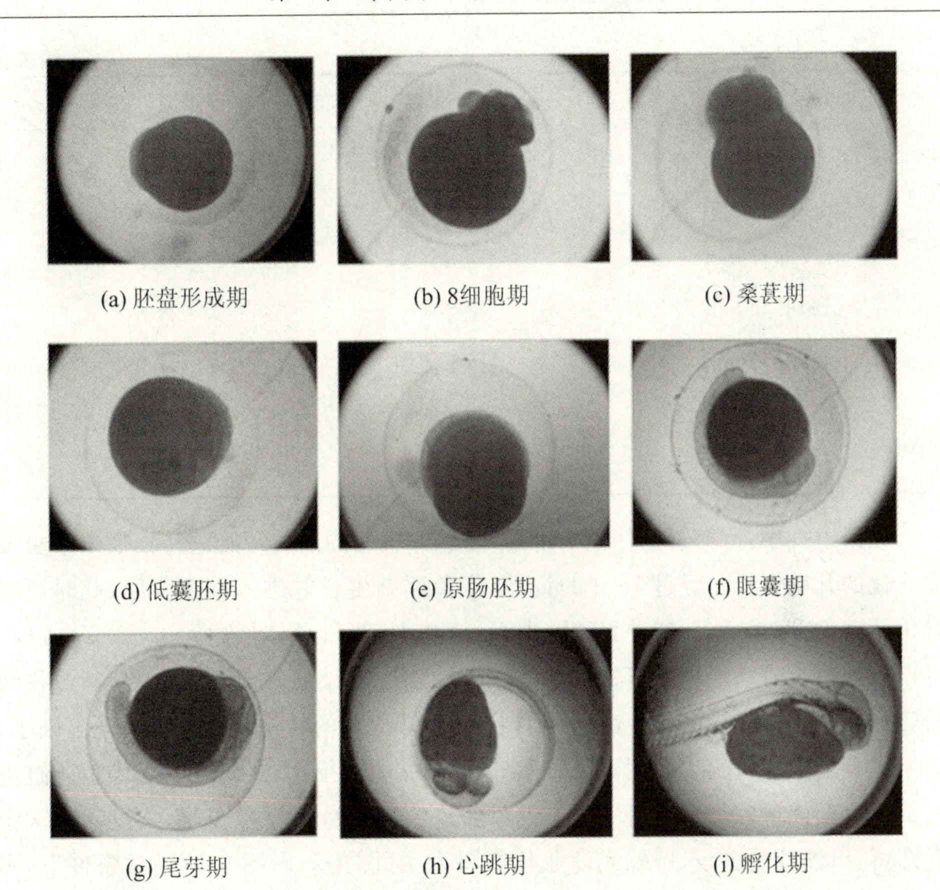

(a) 胚盘形成期　(b) 8细胞期　(c) 桑葚期

(d) 低囊胚期　(e) 原肠胚期　(f) 眼囊期

(g) 尾芽期　(h) 心跳期　(i) 孵化期

图 1-3　泰国斗鱼胚胎发育过程

表 1-1　泰国斗鱼胚胎发育分期

受精后时间	发育时期	水温(℃)
0 min	受精卵	28.2
25 min	胚盘形成期	27.9
50 min	2 细胞期	27.7
1 h 18 min	8 细胞期	28.1
1 h 53 min	16 细胞期	28.0
2 h 43 min	多细胞期	28.0
3 h 45 min	桑葚期	28.3
4 h 1 min	高囊胚期	27.9
6 h 5 min	低囊胚期	28.0

续表

受精后时间	发育时期	水温(℃)
9 h 34 min	原肠胚期	27.8
15 h 44 min	脊索形成	28.1
17 h 17 min	胚孔封闭	28.2
20 h 43 min	尾芽期	28.8
27 h 19 min	晶体形成期	28.0
30 h 27 min	心跳期	28.1
33 h 34 min	孵化期	28.0

在繁殖缸中,待初孵的仔鱼平游后,随着卵黄囊的消失开始进行投喂丰年虫或商业化的开口饵料。经过 15 d 的饲养,仔鱼逐渐生长并进入稚鱼阶段,此时可将稚鱼从玻璃平皿转移至苗种养殖缸中饲养 40 d。当稚鱼体长达到 1～1.5 cm 时,可投喂枝角类或桡足类的饵料,也可以采用水蚯蚓或者摇蚊幼虫剪碎投喂,或投喂粉碎的商业化饵料。当鱼龄达到两个半月时,亚成鱼的斗性已经逐步表现出来了,为了提高泰国斗鱼的观赏性,避免打斗造成不必要的损伤,此时开始对雄鱼分缸进行饲养直至成鱼(图 1-4,彩图 4)。成鱼养殖的投喂量不宜过多,每天投喂两次饵料即可,以摇蚊幼虫、水蚯蚓或商业化饵料为主(图 1-5,彩图 5)。正常条件下,泰国斗鱼的养成率达到 86%,其中雄性率为 52.4%。

图 1-4 泰国斗鱼成鱼养殖模式

图1-5　泰国斗鱼雄性成鱼

1.3 小　结

本书通过探讨泰国斗鱼的人工繁育技术，建立了从亲鱼培育到人工繁殖及成鱼养殖的整套技术体系。其中通过模拟繁殖环境，成功诱导交配率达50%，受精率为96.6%。通过配制胚胎培育液进行人工孵化，孵化率高达92.4%。通过成鱼养殖研究，养成率达到86%，其中雄性率为52.4%。在整个人工繁育过程中，要注重在不同时期选择不同的适合的饵料进行投喂，否则会因为饵料问题导致仔鱼死亡。刚出生的小鱼生活的水体环境一定要保持稳定，水体要干净，避免小鱼因水质污染而大量死亡。由于斗鱼天性好斗，当鱼生长成熟时，要进行分缸饲养，以免打斗死亡。

参考文献

[1] 林旭吟,黄立华.暹罗斗鱼的养殖技术[J].现代农业科学,2009,16(5):204-205.
[2] 张爱良.斗鱼及其养殖[J].特种经济动植物,2003(8):15.
[3] 陈思行,李励年.暹罗斗鱼的饲养与繁殖[J].水产科技情报,2006,33(2):87-89.
[4] 谢增兰,胡锦矗,郭延蜀,等.叉尾斗鱼繁殖行为的观察[J].动物学杂志,2006,41(5):7-13.
[5] 张玮.圆尾斗鱼养殖技术[J].水产养殖,2007,28(4):22-23.
[6] 刘筠.养殖鱼类繁殖生理学[M].北京:北京农业出版社,1993:23-32.
[7] 郑文彪.叉尾斗鱼的胚胎和幼鱼发育的研究[J].动物学研究,1984,5(3):261-268.
[8] 何文辉,张美琼,鲍宝龙.七彩神仙鱼人工繁殖主要水质条件的探讨[J].上海水产大学学报,2001(10):22-25.
[9] 王桂香.骁勇善战的斗鱼[J].河北渔业,2007(4):56.
[10] 张希,黄海,杨宁.暹罗斗鱼胚胎发育的观察[J].湖南农业科学,2011(21):116-119.
[11] 张希,杨宁,黄海.海南省观赏水族行业的发展前景及对策[J].热带农业科学,2012,32(8):83-86.

第 2 章　雄激素诱导泰国斗鱼雄性化研究

鱼类是性别决定方式最为多样的一个类群，与高等脊椎动物一样，鱼类性别决定的基础仍然是遗传基因，但由于其进化上的原始性，其性别明显地表现为双向潜力，某些外部环境因素如温度、pH、盐度、光照、水质、食物丰度和种群内部因素等都可能影响鱼类性别及其分化，甚至在性别分化完成后发生性逆转。但利用环境因子来调节鱼类的性别只在一些性别可塑性较强的鱼类中有效，因此该方法的适用性不广，局限性较大，并且效率相对较低。目前在生产应用中，利用外源性激素或抑制剂等药物来诱导性别转变，获得单性或者高单性比例的效果更加明显。

目前控制硬骨鱼类性别最常用的方法是使用外源性类固醇激素及其相关受体的抑制剂。17α-甲基睾酮(17α-MT)是目前应用于鱼类性逆转诱导实验的主要外源性雄激素，已经在多种经济鱼类中取得了良好的诱导效果。诱导实验一般开始于鱼类性腺分化不稳定期内，此时鱼类生殖细胞保持着向雄性或雌性发展的可能，外源性类固醇激素可诱导许多种类幼鱼的性腺分化，通常雄激素诱导雄性化，雌激素诱导雌性化。在银鲫中，通过对幼鱼投喂含有雄激素的饵料，雄性率大大提高，达到了 84%；在红罗非鱼中，通过连续投喂饵料 80 d，雄性率达到 96.7%；将 MT 按 30 μg/g 和 90 μg/g 拌入饲料中，分别投喂 1 日龄的孔雀鱼和玛丽鱼，能使孔雀鱼雄性率达到 100%，玛丽鱼雄性率达到 95.8%以上。陈兴汉等利用浸泡的方法，通过 MT 处理 7 日龄尼罗罗非鱼，雄性率高达 98%以上；利用 5.00 mg/L、10.00 mg/L、20.00 mg/L 的 MT 溶液孵化受精卵及浸泡孵化后 10 d 的稚鱼 40 d，使斑马鱼的雄性率分别提高 74.94%、93.61%和 95.3%；目前，通过雄激素诱导，在提高鳗鱼、黄鳝、石斑鱼、金鱼和鲤鱼等多种鱼类的雄性率方面获得了一定成效，并取得了相当显著的生产效益。

泰国斗鱼存在着生产价值的性别二态性。泰国斗鱼的雄性色彩鲜艳，天性好斗，是泰国斗鱼产业的真正价值所在。因此，如何提高泰国斗鱼生产过程中的雄性比例是泰国斗鱼生产中至关重要的任务。目前，泰国斗鱼的性别调控研究及技术尚未见报道。因此，开展泰国斗鱼性别调控研究和提高雄性率技术具有十分重要的生产指导意义。

2.1 材料与方法

2.1.1 实验鱼

实验所用的泰国斗鱼来自广东省名特优鱼类生殖调控与繁育工程技术研究中心泰国斗鱼研究平台提供的雌雄亲本：年龄为 2 月龄，体重为 8～10 g，体长为 4～5 cm，体色鲜艳，健壮高活力，无体伤及疾病。亲本在标准的小型鱼类淡水养殖系统（上海海圣公司制造）中饲养，温度为 28 ℃恒温，光照时间为 14 h，并采用商业化饵料饲养。

2.1.2 实验试剂与配制

1. 实验试剂

甲基睾酮（MT）购于 Sigma 试剂公司，NaCl、KCl、Na_2HPO_4 和 $NaHCO_3$ 等试剂为国产分析纯。

2. 激素处理工作液的配制

将 MT 粉末溶于无水乙醇中，母液浓度为 10 mg/mL，然后用胚胎培养液作为溶剂，配制 50 μg/L、100 μg/L 和 200 μg/L 的激素处理工作液。工作液现用现配，保证激素浓度。

2.1.3 泰国斗鱼胚胎获取

雌雄亲本配对后，将其置于安静的暗光环境中待产。亲本的交配排卵一般在下午 3 点左右开始。收取胚胎时要提前到鱼房的亲本交配缸旁静置等候，细心观察，一旦发现交配完成，立即将雌雄亲本分开，同时将受精卵收集好，用胚胎培养液清洗后置于 120 mm^2 的玻璃平皿中（约 60 个胚胎），并加入 2/3 体积的基础培养液，28 ℃恒温避光通风孵化。每天换一半体积的基础培养液，并观察跟踪记录，及时将死胚胎取出。孵化 15 d 之后，将仔鱼转移到 0.5 L 的玻璃缸中饲养，环境条件与亲本一样。

2.1.4 雄激素浸泡处理

配制含 MT 的实验组工作液。准确称量 MT，并溶解于基础培养液中，配制成 50 μg/L、100 μg/L 和 200 μg/L 的实验组工作液，并以基础培养液为对照。仔鱼的处理起始时间为 3 d、5 d 和 10 d，处理周期为 10 d 和 20 d，每组 50 条仔鱼，饲养到 3 月龄，并根据体型特征和性腺组织学判别雌雄。如果体色鲜艳，并且具有宽大的鳍条，则为雄鱼。体型特征不明显的，均应进行组织学切片验证。数据结果采用 SPSS 13.0 进行分析，$P<0.05$ 表示具有显著性差异。

2.1.5　雄激素投喂处理

准确称取 MT 粉末 50 mg，并溶于 5 mL 无水乙醇中，配制成 10 mg/mL 的 MT 母液，用基础培养液稀释 10 倍，制备工作液。然后称取 5 g 饵料置于 50 mL 的洁净离心管中，加入 0.5 mL 工作液，并混匀，使饵料中的激素终浓度为 100 μg/g。置于 40 ℃烘箱中烘干，收集后于 4 ℃环境中保存。激素饵料投喂的起始时间为仔鱼孵化后第 10 天，持续投喂 10 d、20 d 和 30 d。每天投喂仔鱼 2 次，分别是上午 9 点和下午 4 点。每组 50 条仔鱼，饲养到 3 月龄，依据体型特征和性腺组织学判别雌雄。如果体色鲜艳，并且具有宽大的鳍条，则为雄性鱼。体型特征不明显的，均应进行组织学切片验证。数据结果采用 SPSS 13.0 进行分析，$P<0.05$ 表示具有显著性差异。

2.1.6　性腺组织学研究

石蜡切片的技术方法：将泰国斗鱼麻醉后，取出其性腺组织，置于波恩试液中固定过夜，经脱水、透明和石蜡包埋之后，利用石蜡超薄切片机进行组织超薄切片，并通过苏木素伊红染色后，进行光学显微镜观察与拍照分析。

2.1.7　实时荧光定量表达分析

按照第一链 cDNA 合成试剂盒的操作说明合成每个正常发育组和激素诱导组的精巢 cDNA 模板。参照 SYBR Green Realtime PCR Master Mix（TOYOBO, Japan）[荧光定量聚合酶链式反应染料预混液（东洋纺，日本）]试剂盒的说明书进行反应体系构建，利用 Roche Light Cycler 480 real time PCR system（罗氏荧光定量聚合酶链式反应系统 480）进行基因表达的检测。雄性发育相关基因的定量分析引物见表 2-1。荧光定量的热循环程序：95 ℃预变性 1 min，95 ℃变性 5 s，55 ℃退火 10 s，72 ℃延伸 20 s，84 ℃收集荧光 10 s，共 40 个循环；融解曲线：95 ℃ 1 min，50 ℃ 1 min，95 ℃继续。根据融解曲线进行引物特异性分析和数据准确性评估。最后利用目的基因和内参基因的荧光阈值（C_t），并按照 $2^{\Delta C_t}$ 的方法进行相对定量的数据分析。数据结果采用 SPSS 13.0 进行分析，$P<0.05$ 表示具有显著性差异。

表 2-1 雄性相关基因的定量分析引物

基因	引物	序列
ar	正向	ATGAGCCAAACTAGCCGACAGC
	反向	TCATGAAACAAAATGGGTTTA
amh	正向	CCCCACTGAAGGTAACGC
	反向	ACCATCACAAACACGGACA
sox9	正向	CAAGAAAGAGGGCGAAGAAGAG
	反向	GTGCAGGTGCGGGTACTGAT
dmrt1a	正向	GGAACAAACCCACGAGCAGA
	反向	GGTCAGCTTGTTTGCCCAGAG
dmrt1b	正向	TGCCTGTTCCCTGTTGAG
	反向	TTACCAGAACCTCGGGAC
β-actin	正向	GAGAGGTTCCGTTGCCCAGAG
	反向	CAGACAGCACAGTGTTGGCGT

2.2 结果与分析

通过浸泡的方法进行激素处理(表 2-2,表 2-3),研究结果发现,根据浸泡起始时间分析,发现越早使用激素处理的仔鱼,死亡率越高,雄性率效果反而不明显,而随着起始时间的推迟,处理的效果较好;处理时间的长短对雄性化的效果同样有显著的影响:浸泡 20 d 的效果普遍比浸泡 10 d 的效果要好;处理的激素浓度对雄性率及死亡率同样具有显著的影响,激素浓度为 100 μg/L 的处理效果比 50 μg/L 处理的雄性率高,但死亡率相对 50 μg/L 的处理结果却偏高;使用浓度为 200 μg/L 的激素处理后,仔鱼的浸泡时间不到 5 d,死亡率高达 90%,表明 200 μg/L 的激素浓度远远超过了泰国斗鱼胚胎发育致死的极限浓度,因此不予统计。对实验结果进行综合分析可知,浸泡处理的仔鱼从 10 日龄开始,激素处理 20 d,激素浓度在 50 μg/L 和 100 μg/L 的雄性化效果比较明显,雄性率分别达到 85%和 86%,差别不显著。

表 2-2　浸泡浓度为 50 μg/L 的雄激素处理结果

周期（d）	起始时间（日龄）	雄性个体（尾）	雌性个体（尾）	死亡（尾）	雄性率	雄性率平均值±平均标准差
10	3	21	10	19	0.68	0.68±0.04
		19	9	22	0.68	
		22	10	18	0.69	
	5	27	12	11	0.69	0.69±0.02
		25	11	12	0.69	
		28	13	9	0.68	
	10	36	9	5	0.80	0.80±0.03
		35	8	7	0.81	
		35	9	6	0.80	
20	3	19	10	21	0.66	0.65±0.03
		19	11	20	0.63	
		20	10	20	0.67	
	5	32	7	11	0.82	0.81±0.11
		29	8	13	0.78	
		33	7	10	0.83	
	10	40	7	3	0.85	0.85±0.09
		37	6	7	0.86	
		38	7	5	0.84	

表 2-3　浸泡浓度为 100 μg/L 的雄激素处理结果

周期（d）	起始时间（日龄）	雄性个体（尾）	雌性个体（尾）	死亡（尾）	雄性率	雄性率平均值±平均标准差
10	3	16	4	30	0.80	0.79±0.08
		15	4	31	0.79	
		18	5	27	0.78	
	5	25	12	13	0.68	0.68±0.02
		23	12	15	0.66	
		26	11	13	0.70	
	10	35	8	7	0.81	0.81±0.01
		34	8	8	0.81	
		35	9	6	0.80	

续表

周期(d)	起始时间(日龄)	雄性个体(尾)	雌性个体(尾)	死亡(尾)	雄性率	雄性率平均值±平均标准差
20	3	12	3	35	0.80	0.78±0.04
		15	4	31	0.79	
		14	5	31	0.74	
	5	31	8	11	0.79	0.80±0.02
		26	6	18	0.81	
		32	9	9	0.78	
	10	38	6	6	0.86	0.86±0.02
		36	6	8	0.86	
		36	6	8	0.86	

根据投喂激素饵料处理的结果，激素饵料的投喂时间越长，雄性化的效果越好，从投喂 10 d 的 62%提高到 30 d 的 80%，其中，投喂 20 d 和 30 d 的雄性化结果的差异不大，另外，通过投喂的方式进行激素处理，实验鱼的死亡率均较低，各处理组的差别不大(表 2-4)。结合雄性率及死亡率和处理周期等因素来综合评价，利用投喂的方式进行激素处理，20 d 的投喂效果最合适。

表 2-4 雄激素投喂的处理结果

周期(d)	起始时间(日龄)	雄性个体(尾)	雌性个体(尾)	死亡(尾)	雄性率	雄性率平均值±平均标准差
10	10	28	17	5	0.62	0.62±0.03
		26	16	9	0.62	
		25	15	10	0.63	
20	10	37	9	4	0.80	0.80±0.02
		35	9	6	0.80	
		37	10	5	0.79	
30	10	36	10	3	0.78	0.80±0.02
		37	8	5	0.82	
		36	9	5	0.80	

虽然没能够从遗传上区别出伪雄鱼(遗传上是雌鱼，雄激素的诱导转变为雄鱼)，但将激素投喂后效果最显著的实验组的雄鱼全部进行性腺组织学研究，在诱导雄性组的样本中却存在着伪雄鱼，因此将诱导组的雄鱼全部进行分析比较(图 2-1，彩图 6)。根据性腺组织学结果，发现诱导组所有雄鱼的精巢均属于正常发育

状态，与正常雄鱼（没有激素诱导）的精巢在组织学上没有显著差异，从而表明雄激素诱导的雄鱼具有完整的精巢结构，显示出激素诱导雄性化技术的可靠性。

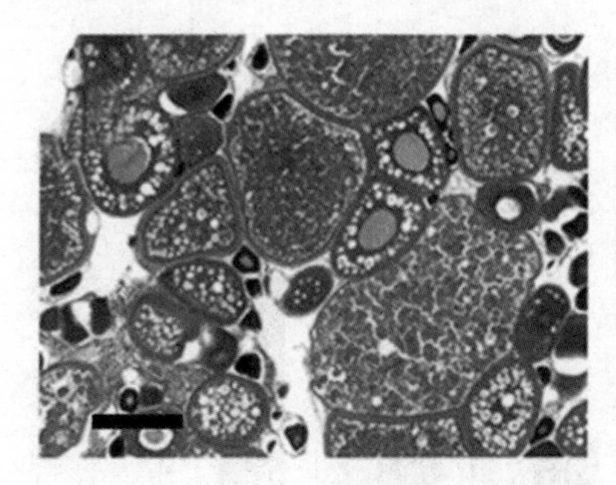

(a) 正常发育的卵巢

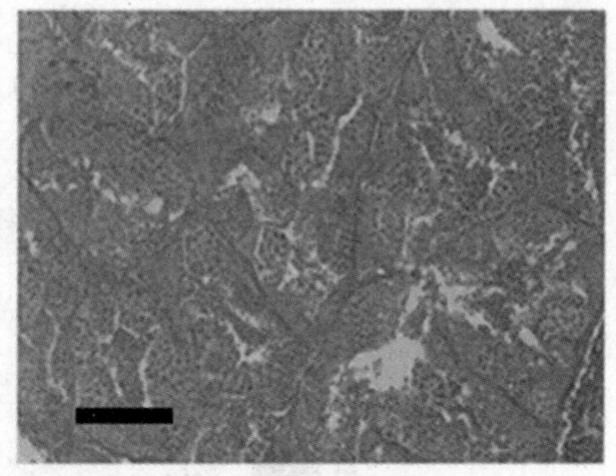

(b) 正常发育的精巢

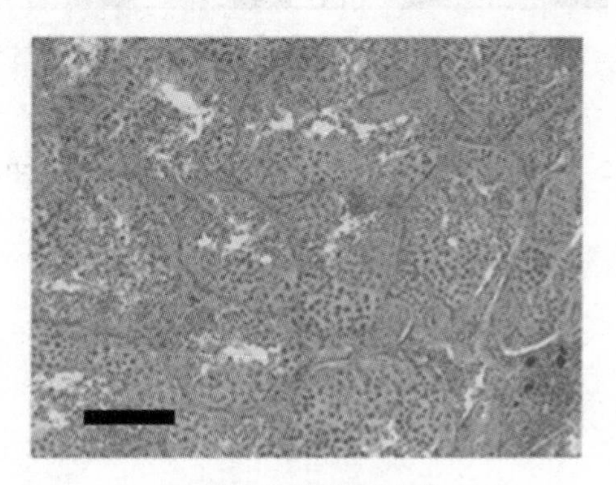

(c) 激素诱导组的精巢

图 2-1　泰国斗鱼性腺的组织学鉴定

注：标尺为 100 μm。

通过实时荧光定量的方法检测了雄性性腺发育关键基因的表达，进一步深入研究正常发育雄鱼与激素诱导雄鱼的分子表达。其中，*sox9*、*ar*、*dmrt*、*amh* 等因子均为重要的雄性性别调控基因（图 2-2），在雄性的性腺发育中具有关键作用。随机挑取正常发育组的雄鱼与激素诱导组的雄鱼各 30 条（$n=30$）进行基因表达检测。由荧光定量表达的结果发现，正常发育组和激素诱导组的表达没有显著性差异，这预示着正常发育组和激素诱导组的雄鱼在分子表达水平上，没有显著性差异。

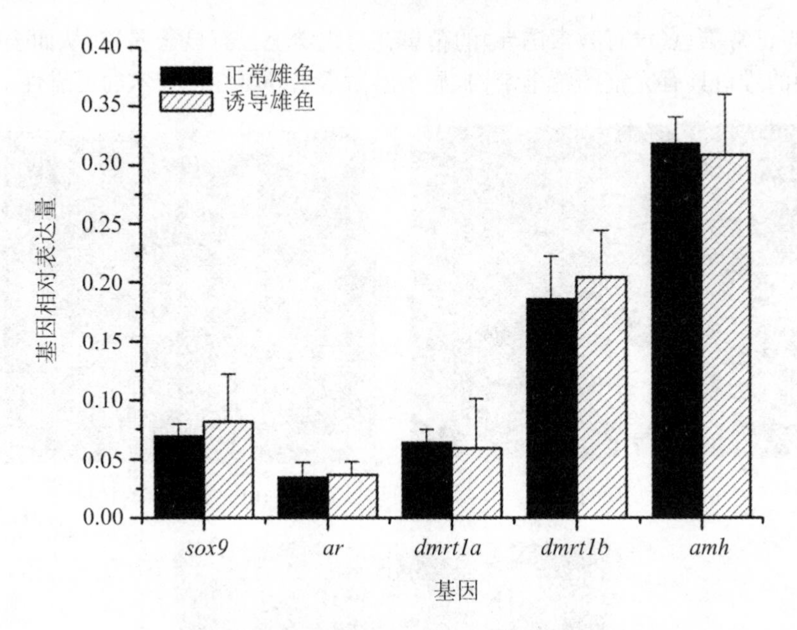

图 2-2　雄性调控关键基因在正常雄鱼与诱导雄鱼中的表达

2.3　讨　　论

根据实验的结果，分析浸泡和投喂的实际效果，明确两种方法的利弊。使用浸泡方法处理的最佳剂量和时间为 100 μg/L 处理 20 d，起始处理 10 日龄仔鱼，将雄性率提高到 86%。浸泡方法的雄性率相对较高，但死亡率也相对较高，实际换水等生产操作相对繁琐。使用投喂的方法是在固定激素剂量 100 μg/g 饵料的情况下，对实验鱼连续投喂 20 d，此时的投喂效果最佳，雄性率可提高到 80%。投喂的方法死亡率相对较低，操作简单，但雄性率也相对较低。不管是浸泡还是投喂，成活率和雄性率均与激素的浓度、幼鱼的年龄和处理时长相关，与其他鱼类的处理结果相类似。因此，根据泰国斗鱼的实际生产需求，投喂的方法将更加合适。本书通过实验，采用浸泡及投喂的实用型处理方法，探讨了雄激素甲基睾酮对泰国斗鱼雄性化的影响，并获得了实际操作的关键参数及方法，建立了浸泡与投喂诱导泰国斗鱼雄性化的技术方法，同时开展了组织学和分子生物学的评估，表明雄激素诱导的雄鱼与正常雄鱼在性腺组织学和关键分子表达上没有显著性差异，进一步表明该技术的生产适用性强，便于实际的生产操作，具有简便性、可靠性及适用性。

参考文献

[1] 陈兴汉,李波,叶卫,等. 甲基睾酮(MT)和加氢甲基睾酮(MDHT)浸泡法诱导尼罗罗非鱼仔鱼雄性化的对比研究[J]. 中山大学学报(自然科学版),2014,53(5):106-111.

[2] 杜长斌. 我国鱼类性别控制研究进展[J]. 水产学杂志,2000(1):74-80.

[3] 李广丽,刘晓春,林浩然. 17α-甲基睾酮对赤点石斑鱼性逆转的影响[J]. 水产学报,2006(2):145-150.

[4] 刘刚,范兆廷. 银鲫性别机制的研究[J]. 云南大学学报(自然科学版),1999(S3):227.

[5] 任维美. 投喂含雄性激素饲料可有效提高鲤鱼产量[J]. 国外水产,1989(3):45.

[6] 邬国民. 诱导非洲鲫鱼雄性化的技术[J]. 中国水产,1981(1):26-27.

[7] 张立涛. 斑马鱼早期性腺发育及甲基睾酮对其性分化的影响[D]. 保定:河北大学,2010.

[8] 郑曙明,陈章宝. 甲基睾酮对孔雀鱼、玛丽鱼性逆转的研究[J]. 四川畜牧兽医学院学报,1998(2):4-8.

[9] Baroiller J F, Guiguen Y. Endocrine and environmental aspects of sex differentiation in gonochoristic fish[J]. Cellular and Molecular Life Sciences, 1999, 55: 910-931.

[10] Dou S Z, Yamada Y, Okamura A, et al. Observations on the spawning behavior of artificially matured Japanese eels *Anguilla japonica* in captivity[J]. Aquaculture, 2007, 266(1-4): 117-129.

[11] Keshavanath P, Gangadhar B, Ramesh T J, et al. Effects of bamboo substrate and supplemental feeding on growth and production of hybrid red tilapia fingerlings (*Oreochromis mossambicus* × *Oreochromis niloticus*)[J]. Aquaculture, 2003, 235(1): 303-314.

[12] Strüssmann C A, Patiño R. Temperature manipulation of sex differentiation in fish [J]. Texas: University of Texas Press, 1995, 28: 153-157.

第3章　泰国斗鱼攻击行为相关基因的差异表达与EST-SSR标记开发

泰国斗鱼拥有绚丽多彩的尾鳍，姿态优美，相遇时喜欢打斗，繁殖时又有“吐泡”筑巢的习性，成为众多消费者青睐的观赏鱼品种。同某些硬骨鱼类相似，泰国斗鱼表现出独特的繁殖行为，雌、雄个体的行为差异十分明显。在繁殖期和产卵后，雄性泰国斗鱼通过对入侵的同种鱼类表现出较高的攻击性来保护自己的领地。因此，泰国斗鱼逐渐成为行为生态学、药理学、毒理学以及研究攻击行为生物学基础的理想生物学模型，越来越受到科学家们的欢迎。

动物的攻击行为受到人们的广泛关注，对脊椎动物的攻击行为研究已有大量报道。攻击行为是多因素决定的复杂生物过程。因此，揭示攻击行为性别二态性的分子基础与机制将有利于对今后以泰国斗鱼为模型的行为学相关研究。然而，近年国内外许多学者对泰国斗鱼进行了研究，但多集中于攻击的行为、生理和代谢基础，包括观众效应、行为连续与改变、性激素及其类似物效应。据我们所知，目前在基因表达与调控模式方面还未有研究报道，攻击行为性别差异的深入机理还不清楚。因此，迫切需要更多的分子遗传学研究来阐明为何雌、雄泰国斗鱼攻击性行为会表现出差异。在另一方面，通过定向选育，开发新的泰国斗鱼品系是广大观赏鱼养殖户和爱好者的共同目标。驯养繁殖和长期的逐步改良，不断呈现出更多能稳定遗传的体色，极大地丰富了泰国斗鱼的色彩品系，使其成为独具魅力的观赏鱼品种。但是，泰国斗鱼野生种群正面临严重威胁，随着商业育种和苗种生产，受栖息地破坏和人工繁殖鱼苗污染的影响，其种质资源正迅速衰退。加强对泰国斗鱼多样性保护和种群结构管理十分必要，而基于简单序列重复（simple sequence repeats，SSRs）等分子标记的分析方法具有有效、可靠的特点，因此得到了广泛应用。

由于泰国斗鱼分子遗传基础数据资源的缺乏，相关功能基因以及分子标记的遗传数据积累目前还十分欠缺，涉及攻击行为调控的性别特异基因研究尚为空白，对其分子生物学基础仍知之甚少。对于非模式生物，时效性和成本限制了微卫星标记的开发，目前，科学家们仅开展了少量分子遗传学研究，包括小批量微卫星标记的开发以及等位酶标记遗传多样性研究。标记资源的匮乏严重阻碍了斗鱼的群体遗传学和基因组学的研究进程。基于下一代测序（next-generation sequencing，

NGS)技术的转录组高通量测序已被广泛用来快速、高效、低成本地获取大量的遗传信息和转录本序列。转录组测序已频繁地应用于基因挖掘、基因表达调控分析和大规模分子标记筛选。本书采用Illumina HiSeq™2000测序平台开展转录组测序,通过组装、基因功能注释和功能分类,全面探讨泰国斗鱼转录组的信息,通过差异表达分析挖掘与攻击行为调控相关的重要功能基因,并开发多态性EST-SSR标记,为群体遗传学研究奠定基础。

3.1　材料与方法

3.1.1　实验材料

试验鱼购自海南省三亚市福联养殖公司,为人工繁殖的4月龄泰国斗鱼马尾品系。取生长状态良好的健康雌、雄鱼各10尾,雄鱼体重(9.12±1.63)g,雌鱼体重(4.76±0.96)g。解剖后分别取鳃、脾、肝、肾、心、肌肉、胰、肠、脑、性腺组织,液氮冷冻后于−80℃冰箱中保存备用。另于亲鱼群体中选取30尾,剪取肌肉组织置于乙醇中于−20℃保存,提取基因组DNA用于EST-SSR标记多态性验证。

3.1.2　RNA提取

将上述各组织样品液氮研磨,分别按照Trizol试剂盒(Invitrogen公司,卡尔斯巴德,CA)的方法进行总RNA的提取。利用琼脂糖凝胶电泳,分析RNA降解程度以及是否有污染,分光光度计法检测OD_{260}/OD_{280}比值确定RNA纯度。利用Qubit荧光计及Agilent 2100生物分析仪分别对RNA进行精确定量和完整性的精确检测。取等量各组织总RNA样品混匀后用于雌、雄鱼cDNA文库的构建。单次建库要求RNA总量达到5 μg,浓度≥200 ng/μL,OD_{260}/OD_{280}值介于1.8~2.2。

3.1.3　cDNA文库构建与测序

测序实验采用Illumina Truseq™ RNA sample prep Kit(样本准备试剂盒)方法进行文库构建。取总RNA样品,利用带有Oligo (dT)的磁珠与ployA进行AT碱基配对,从总RNA中分离出mRNA。加入fragmentation buffer(片段化缓冲液),可以将富集得到的mRNA随机断裂成200 bp左右的小片段。在逆转录酶的作用下,利用随机引物,以mRNA为模板逆转录合成一链cDNA,随后进行二链合成,形成稳定的双链结构。双链的cDNA结构为黏性末端,加入End Repair Mix

(末端修复试剂)将其补成平末端,随后在3′末端加上一个碱基A,用于连接Y形的接头。PCR扩增15个循环进行文库富集;用2%琼脂糖胶回收目的条带;TBS380(Picogreen)定量,按数据比例混合上机;cBot上进行桥式PCR扩增,生成聚类(clusters);建好的文库通过Illumina Hiseq^{TM} 2000平台进行测序。转录组测序建库由广州基迪奥生物科技有限公司完成。

3.1.4 数据质控与组装

高通量测序得到的原始图像数据经Illumina Casava碱基识别软件分析转化为原始测序序列,随后对原始序列进行质量评估及统计。质量评估包括错误率分布检查和A/T/G/C含量分布检查。原始测序序列(raw reads)经过滤处理得到高质量测序序列(clean reads)。具体步骤:① 去除序列中的接头序列及由于接头自连等原因导致没有插入片段的序列;② 将序列末端(3′端)低质量(质量值小于20)的碱基修剪掉,如剩余序列中仍然有质量值小于10的碱基则将整条序列剔除,否则保留;③ 去除含N比率超过10%的序列;④ 舍去接头(adapter)及质量修剪后长度小于30 bp的序列。采用Trinity软件对高质量测序序列进行拼接得到转录本序列,并以此转录本序列作为后续分析的参考序列。取每条基因中最长的转录本作为非重复序列(unigene),以此进行后续的分析。

3.1.5 功能注释与分类

通过BLASTX将非重复序列(unigene)比对到NCBI non-redundant protein (Nr)、Swiss-Prot、Kyoto Encyclopedia of Genes and Genomes (KEGG)和EuKaryotic Orthologous Groups of proteins (KOG)数据库(E值$<10^{-5}$),得到与给定非重复序列具有最高序列相似性的蛋白,从而得到该非重复序列的蛋白功能注释信息。运用Blast2GO软件获得Gene Ontology (GO)功能,GO功能分类与可视化由WEGO软件完成。KEGG注释信息由KOBAS v2.0软件进行分析以获得分类结果。

3.1.6 差异表达分析

使用短序列比对软件Bowtie (http://bowtiebio.sourceforge.net/index.shtml)可将测序得到的高质量测序序列对应到组装得到的转录组上。使用软件RSEM (http://deweylab.biostat.wisc.edu/rsem/)将Bowtie的比对结果进行表达量统计,首先得到每个样品比对到每个基因上的read count数目,然后对其进行RPKM转换,进而得到基因的表达水平。RPKM值可直接用于不同样本之间的基

因表达差异分析。使用软件 edgeR 的 RSEM 将得到的 gene read count 数据进行差异表达计算。该分析方法是基于负二项分布模型进行的。本次研究中,显著差异表达基因的筛选标准为 FDR < 0.05,$\log_2$|(Fold Change)|≥1,且差异表达基因被定义为性别偏好基因(sex-biased genes,SBGs)。

3.1.7 SSR 座位检测与引物设计

通过 Trinity 软件对转录组进行拼接从而获得大量非重复序列。通过 MISA 软件(http://pgrc.ipk-gatersleben.de/misa/)对斗鱼非重复序列进行 SSR 搜索,筛选标准为二碱基重复的次数≥6,三碱基重复的次数≥5,四至六碱基重复的次数≥4。根据微卫星侧翼序列的保守性,使用 Primer 5.0 对 SSR 序列设计引物。引物设计主要参数为:引物长度为 18~22 bp,产物长度为 100~300 bp;单个引物少于 3 个核苷酸的互补;保证两个引物的 T_m 值相差不超过 5 ℃;两个引物间少于 3 个连续核苷酸的配对;(G+C)%含量在 40%~60%范围;尽量避免引物对之间形成二级结构,如发夹结构。

3.1.8 SSR 多态性分析

利用海洋动物组织基因组提取试剂盒(Tiangen Biotech,Beijing,China)(天根科技,北京,中国)从肌肉组织中提取基因组 DNA。PCR 扩增在 C1000™ Thermal Cycler (Bio-Rad,CA,USA)上完成。10 μL PCR 反应体系中包括:模板 DNA 1 μL (20 ng /μL),10 × PCR buffer (含 Mg^{2+}) 1 μL,10 mmol /L dNTPs 0.2 μL,10 mmol/L 引物对各 0.2 μL,5 U /μL Taq 酶 0.1 μL,超纯水 7.3 μL。PCR 反应程序:94 ℃ 5 min;94 ℃ 30 s,退火温度 30 s,72 ℃ 30 s,循环 30 次;72 ℃ 10 min;4 ℃保存。用 8.0%非变性聚丙烯酰胺凝胶电泳(PAGE)检测 PCR 产物,条带大小由 pBR322 DNA/MspI marker (Tiangen Biotech,Beijing,China)估计。每个微卫星位点扩增的等位基因按其迁移率的不同,从小到大依次定义为 A、B、C 等。根据微卫星位点在每个样品中的电泳结果确定每个样品各微卫星位点的基因型。通过 PowerMarker v3.2 软件计算各微卫星位点的等位基因数(N_a)、有效等位基因数(N_e)、观测杂合度(H_o)、期望杂合度(H_e)以及多态信息含量(polymorphism information content,PIC)。

3.2　结果与分析

3.2.1　转录组测序与组装

本研究利用 Illumina HiSeq™ 2000 测序平台对泰国斗鱼转录组进行测序分析。通过双末端测序法共得到 13.55G 碱基总数，获得原始测序序列 108 416 100 条。去除原始测序序列中的低质量、短序列和接头序列后，共产生 105 505 486 条高质量测序序列，其中雌鱼 53 062 092 条、雄鱼 52 443 394 条。经 FastQC v 0.11.3 分析，高质量测序序列中碱基质量值大于 20 的占 97.315%，GC 含量为 50.635%(表 3-1)。以上结果表明，我们得到了高质量的转录组测序结果。由于泰国斗鱼没有基因组数据，因此对于无参考基因组的转录组测序结果本研究利用 Trinity 软件对过滤后的序列信息进行拼接和组装。由高质量测序序列共得到 69 836 条非重复序列，平均长度为 109 352 bp，N50 值为 2 040 bp，共 76.37Mbp。非重复序列中最短为 228 bp，最长为 20 412 bp，其中 37 510 条(53.71%)非重复序列长度大于 500 bp，22 876 条(32.76%)大于 1 000 bp，11 290 条(16.17%)非重复序列大于 2 000 bp，非重复序列数量随长度增加逐渐减少(图 3-1)。

表 3-1　转录组测序与组装结果统计

数据统计	雌鱼	雄鱼	总数 / 平均数
测序数据与整理			
原始数据	54 600 768	53 815 332	108 416 100
碱基总量 (bp)	6 825 096 000	6 726 916 500	13 552 012 500
有效数据	53 062 092	52 443 394	105 505 486
整理后得到的碱基总量(bp)	6 632 761 500	6 555 424 250	13 188 185 750
数据长度 (bp)	125	125	125
Q20 比例	97.18%	97.45%	97.315%
GC 含量	50.89%	50.38%	50.635%
组装统计			
非重复用序列			69 836
GC 含量			50.66%
数据总长度 (bp)			76 366 868
N50 长度 (bp)			2 040
数据平均长度 (bp)			1 093.52

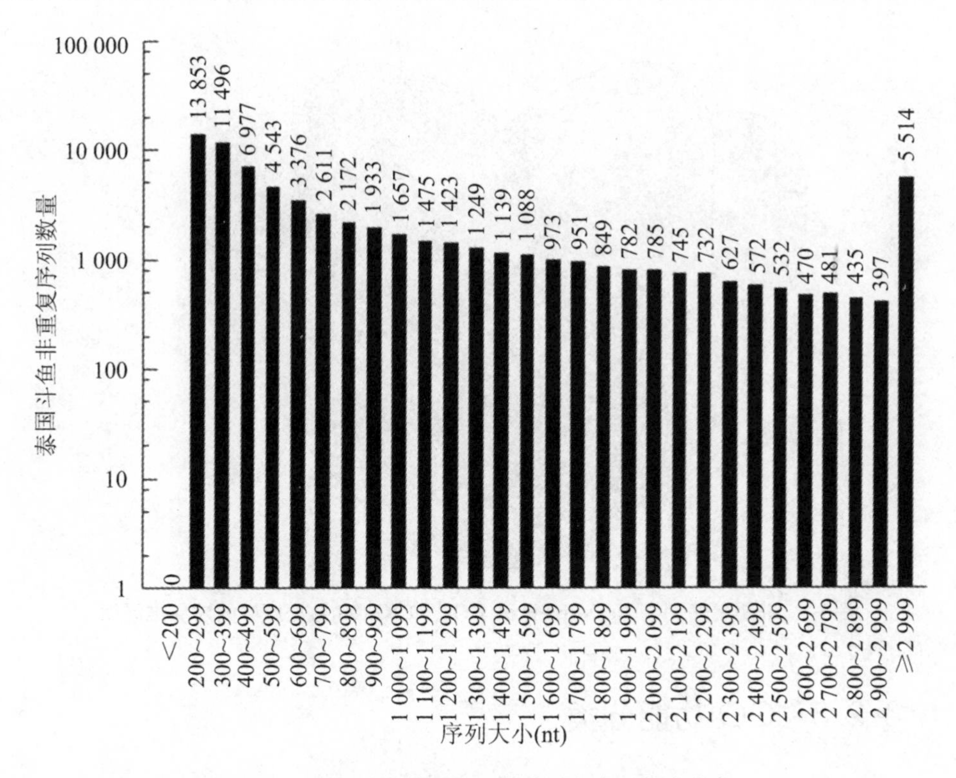

图 3-1　泰国斗鱼转录组组装非重复序列长度分布

3.2.2　功能注释

利用 BLASTX 软件，所有的非重复序列与 NCBI (National Center of Biotechnology Information)的非冗余蛋白质数据库(Nr)、Swiss-Prot、KOG 和 KEGG 数据库进行比对(E 值$<10^{-5}$)。有 35 707 条(51. 13%)、29 791 条(42. 66%)、23 978 条(34. 33%)、16 956 条(24. 28%)非重复序列分别与 Nr、Swiss-Prot、KOG 和 KEGG 数据库中已知基因同源；共有 14 608 条(24. 28%)非重复序列同时注释到 4 个数据库中，而其余 34 085 条(48. 81%)非重复序列未在数据库中获得注释信息，可能属于新基因(图 3-2，彩图 7)。

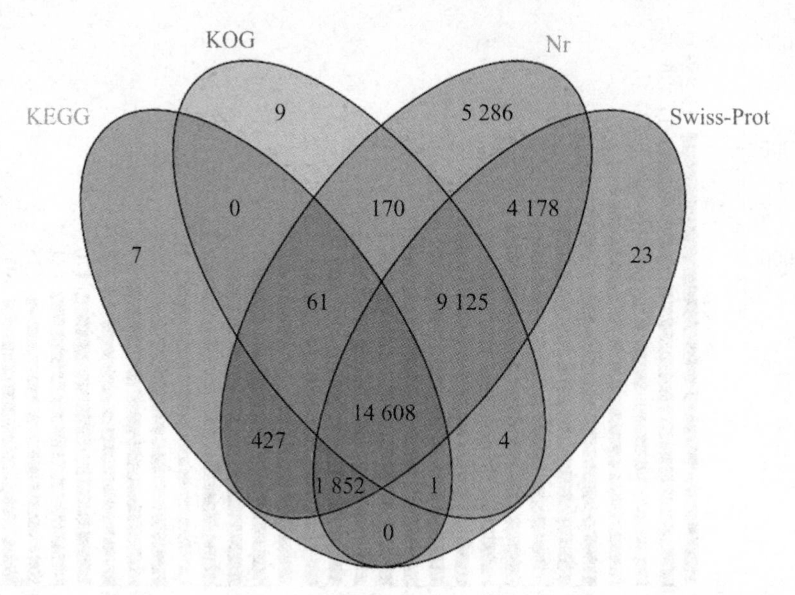

图 3-2　非重复序列在 Nr,Swiss-Prot,KOG 和 KEGG 数据库中的注释维恩图

3.2.3　GO 功能分类

GO 是一个采用动态更新的标准词汇表来描述基因和其产物功能的数据库,目前被广泛应用于生物转录组的数据分析研究中。GO 总共分为 3 大功能类,分别描述基因的分子功能(molecular function)、所处的细胞组成(cellular component)和参与的生物过程(biological process)。所有的非重复序列与 GO 数据库进行比对的结果表明,一共有 16 954 条(24.28%)非重复序列被注释和分配到 56 个功能亚类中(图 3-3,彩图 8)。结果显示,生物学过程(biological process)是最大的功能类,包含 56 010 个(47.98%)转录本;其次为分子功能(molecular function)和细胞组分(cellular component),分别包含 34 238 个(29.33%)、26 491 个(22.69%)转录本。在功能亚类中,细胞过程(cellular process)、偶联(binding)、细胞(cell)分别是 3 个功能主类中最大的。

3.2.4　KOG 功能分类

KOG 是一个用来归类基因产物的数据库,其中每一个蛋白质被假定为来自同源的祖先蛋白质,整个数据库是根据真核细胞具有完整的基因组编码蛋白以及清晰的系统演化关系进行构建的。将所有非重复序列与 KOG 数据库进行比对,结果有 23 978 条非重复序列成功获得注释,并被分为 25 个 KOG 类(图 3-4,彩图 9)。其中,信号转导机制(signal transduction mechanisms)所占的比例最大,其次是一般功能预测（general function prediction only），翻译后修饰（posttranslational modification）、蛋白质折叠（protein turnover）、分子伴侣（chaperones），转录（transcription），胞内运输（intracellular trafficking）、分泌（secretion）与囊泡运输（vesicular transport）。而核结构（nuclear structure），防御机制（defense mechanisms）和细胞运动（cell motility）等类别所占的比例最小。

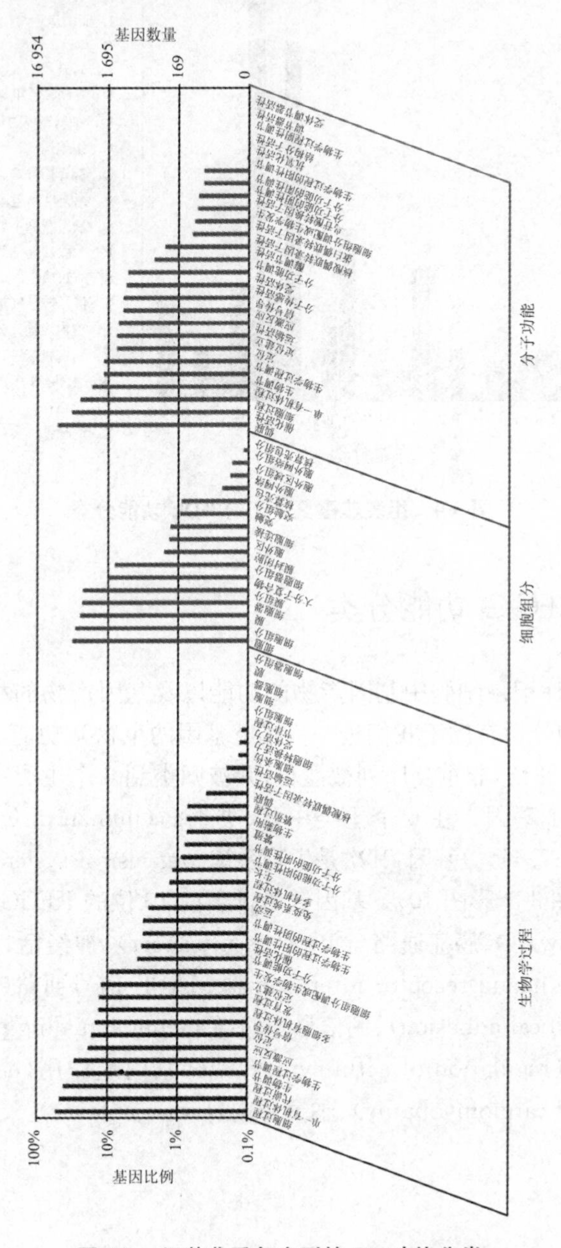

图 3-3　组装非重复序列的 GO 功能分类

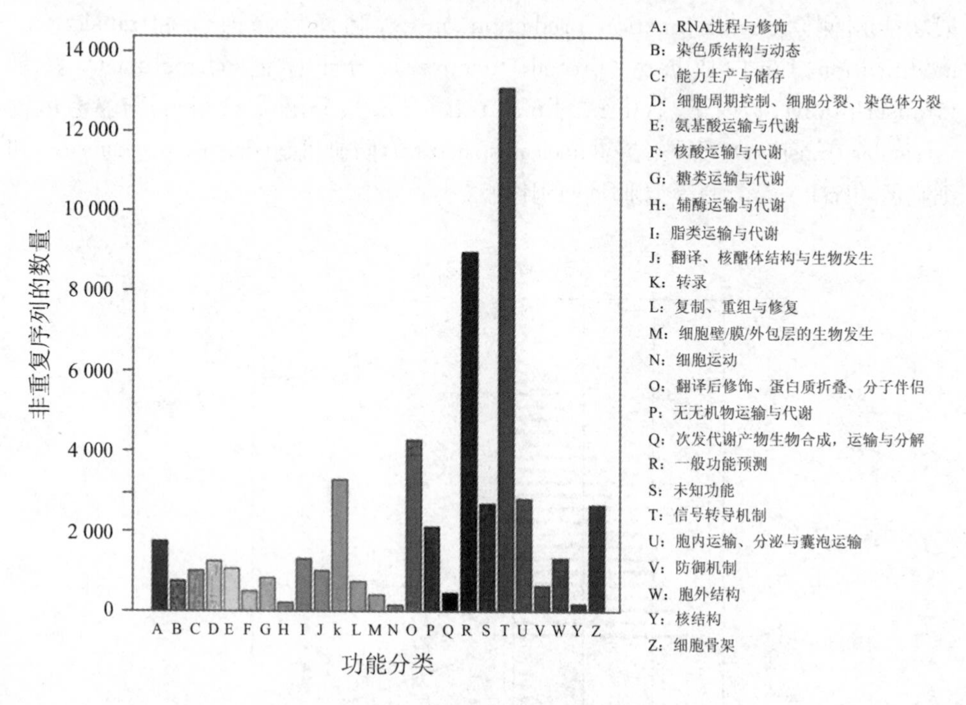

图 3-4 组装非重复序列的 KOG 功能分类

3.2.5 KEGG 功能分类

KEGG 数据库记录细胞中基因产物的功能以及基因产物的相互作用网络，基于 KEGG 通路的分析有助于我们进一步了解基因的生物学功能。分析结果，一共有 16 956 条(24.28%)非重复序列被注释，并被归类到 6 个主类、240 个 KEGG 通路，包含 35 751 个基因。在 6 个主类中，人类疾病(human diseases)所占比例最大，包含9 809个(27.44%)基因，其次是生物系统(organismal systems)，包含 9 460 个(26.46%)基因(图 3-5，彩图 10)。基因数量排名前 10 位的 KEGG 通路包括代谢通路(metabolic pathways)、癌症通路(pathways in cancer)、神经活性配体-受体相互作用(neuroactive ligand-receptor interaction)、MAPK 信号通路(MAPK signaling pathway)、黏着(focal adhesion)、钙信号通路(Calcium signaling pathway)、肌动蛋白细胞骨架调节(regulation of actin cytoskeleton)、内噬作用(endocytosis)、扩张型心肌病(dilated cardiomyopathy)、轴突导向(axon guidance)。

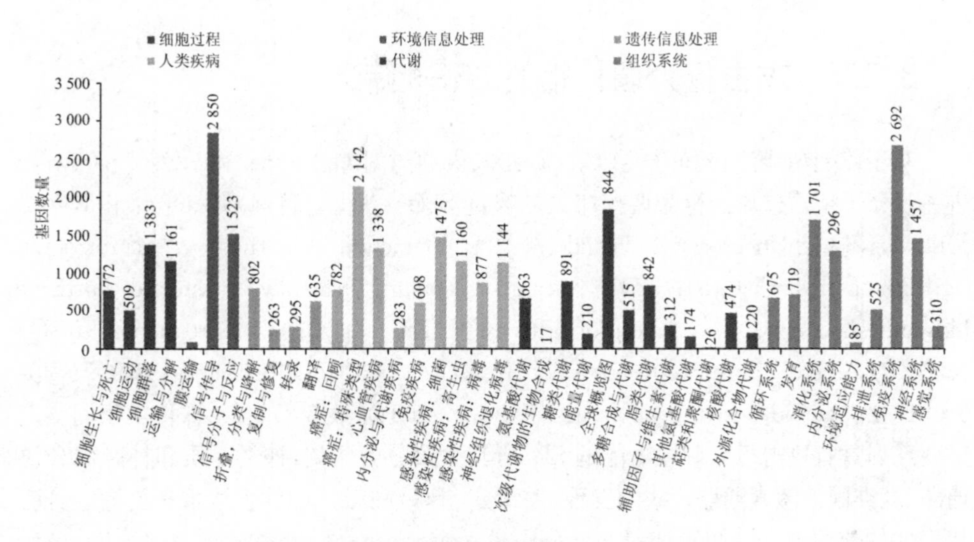

图 3-5　组装的非重复序列的 KEGG 功能分类

3.2.6　表达差异分析

雌雄斗鱼转录组差异表达分析共鉴定出了 17 683 个(25.32%)差异表达基因,其中 11 875 个基因在雄鱼中高表达,5 808 个基因在雌鱼中高表达(图 3-6,彩图 11)。在鉴定的 SBGs 中,1 281 个在雄鱼中特异表达,488 个在雌鱼中特异表达。

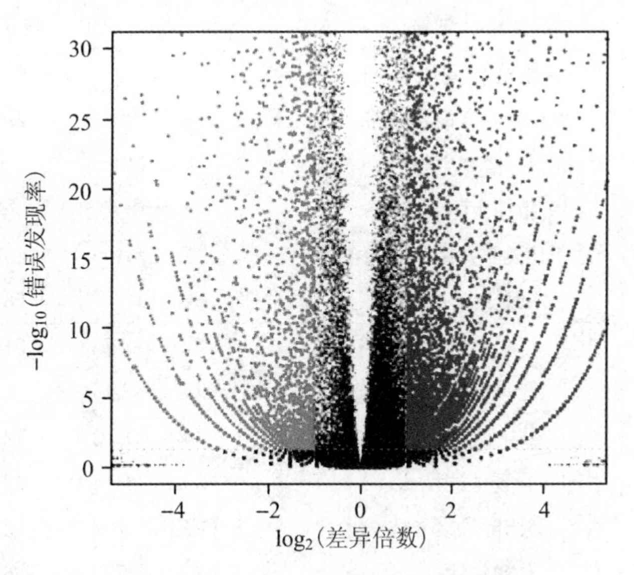

图 3-6　雌雄泰国斗鱼转录组差异表达分析

3.2.7 攻击行为调控相关 SBGs 筛选

基于以上功能注释和分类结果，研究人员通过对 GO terms 和 KEGG pathways 进一步分析来筛选攻击行为调控相关的候选 SBGs，获得了目标 GO terms 和 KEGG pathways，包括"neuroactive ligand-receptor interaction"（ko04080），"neurotrophin signaling pathway"（ko04722），"estrogen signaling pathway"，"steroid hormone biosynthesis"（ko00140），"receptor activity"（GO：0004872），"reproduction"（GO：0000003），"steroid hormone receptor activity"（GO：0003707），"hormone activity"（GO：0005179），"steroid biosynthetic process"（GO：0006694）（表 3-2）。最终，科学家们鉴定了一系列具有攻击行为调控功能的 SBGs，其大致分为两类：神经递质和神经内分泌通路、性类固醇激素通路。我们发现，大部分 SBGs 在雄性中的表达水平更高。具有代表性的雄性上调 SBGs 包括 *htr*（5-hydroxytryptamine receptors），*drd*（dopamine receptors），*gabr*（γ-aminobutyric acid receptors），*cyp11a1*（cholesterol side chain cleavage cytochrome P450），*cyp17a1*（steroid 17-alpha-hydroxylase/17，20 lyase），*hsd17b3*（testosterone 17-beta-dehydrogenase 3），*dmrt1*（doublesex and mab-3 related transcription factor 1），*dax1*（nuclear receptor subfamily 0 group B member 1），*sf-1*（steroidogenic factor 1），雌性上调 SBGs 包括 *hsd17b7*（3-keto-steroid reductase），*gsdf1*（gonadal soma derived factor 1）和 *fem1c*（protein fem-1 homolog C）（表 3-3）。

表 3-2 筛选泰国斗鱼攻击行为调控相关 SBGs 的 KEGG pathways 和 GO terms

数据库	术语 / 通路	GO / KEGG ID	转录数	总数
KEGG	神经活性配体-受体相互作用	ko04080	629	1445
	神经营养素信号通路	ko04722	297	
	类固醇激素生物合成	ko00140	74	
	甾体生物合成	ko00100	26	
	内分泌和其他因素调节的钙再吸收	ko04961	158	
	GnRH 信号通路	ko04912	261	
GO	受体活性	GO：0004872	915	1186
	受体调节活性	GO：0030545	1	
	繁殖	GO：0000003	126	
	繁殖过程	GO：0022414	123	
	类固醇激素受体	GO：0003707	3	
	激素活性	GO：0005179	8	
	甾体生物合成过程	GO：0006694	10	

表 3-3　泰国斗鱼攻击行为调控候选 SBGs 筛选结果

基因名称	Nr 注释	*E* 值	转录 ID	长度(bp)	$\log_2$(差异倍数)(♂/♀)	错误发现率	趋势
神经递质与神经内分泌途径							
htr2a	5-hydroxytryptamine receptor 2A	0	Unigene 0030158	4 450	1.961	1.10×10^{-149}	上调
htr3a	5-hydroxytryptamine receptor 3A	3×10^{-164}	Unigene 0031141	2 053	5.714	1.04×10^{-107}	上调
htr1e	5-hydroxytryptamine receptor 1E	0	Unigene 0039721	1 422	3.089	4.78×10^{-39}	上调
htr3c	5-hydroxytryptamine receptor 3C	2×10^{-138}	Unigene 0068687	986	1.789	3.33×10^{-13}	上调
htr4	5-hydroxytryptamine receptor 4	2×10^{-77}	Unigene 0052106	382	4.456	2.93×10^{-10}	上调
slc6a4	Sodium-dependent solute carrier family 6, member 4	7×10^{-84}	Unigene 0041170	413	2.496	3.40×10^{-4}	上调
drd5	D(5) dopamine receptor-like	8×10^{-108}	Unigene 0046850	667	1.385	9.53×10^{-4}	上调
drd2a	D(2) dopamine receptor A-like	3×10^{-162}	Unigene 0031216	854	1.478	6.67×10^{-11}	上调
drd2	D(2)-like dopamine receptor-like	1×10^{-80}	Unigene 0009674	917	3.073	6.19×10^{-26}	上调
hrh1	histamine receptor H1	3×10^{-74}	Unigene 0042840	403	1.648	2.66×10^{-2}	上调
hrh2	histamine receptor H2	6×10^{-166}	Unigene 0045571	2 010	−6.249	0	下调
hrh3	histamine receptor H3	8×10^{-18}	Unigene 0027814	490	2.192	8.29×10^{-5}	上调
hrh4	histamine receptor H4	5×10^{-39}	Unigene 0006615	251	2.522	4.47×10^{-2}	上调
gabra4	gamma-aminobutyric acid receptor subunit alpha-4-like	2×10^{-32}	Unigene 0038838	543	2.233	9.10×10^{-4}	上调

续表

基因名称	Nr 注释	*E* 值	转录 ID	长度(bp)	log_2（差异倍数）(♂/♀)	错误发现率	趋势
gabra5	gamma-aminobutyric acid receptor subunit alpha-5-like	0	Unigene 0043252	5 187	1.034	1.39×10^{-94}	上调
gabrr3	gamma-aminobutyric acid receptor subunit rho-3-like	1×10^{-9}	Unigene 0003367	454	1.510	6.96×10^{-3}	上调
gabbr1	gamma-aminobutyric acid type B receptor subunit 1	0.000004	Unigene 0052902	325	4.920	2.36×10^{-7}	上调
gabbr2	gamma-aminobutyric acid type B receptor subunit 2	1×10^{-26}	Unigene 0030612	269	2.969	5.72×10^{-3}	上调
mtnr1b	melatonin receptor 1B	3×10^{-110}	Unigene 0068593	511	1.726	5.77×10^{-4}	上调
avpr	arginine vasotocin receptor	5×10^{-138}	Unigene 0001414	637	1.098	1.03×10^{-2}	上调
性类固醇激素途径							
star	steroidogenic acute regulatory protein	0	Unigene 0028541	1 503	7.208	0	上调
cyp11a	cytochrome P450 family 11 subfamily a polypeptide 1	5×10^{-15}	Unigene 0062488	309	10.380	5.01×10^{-5}	上调
cyp7a1	cholesterol 7-alpha-monooxygenase-like	0	Unigene 0037760	1 159	7.385	1.71×10^{-2}	上调
cyp11b1	11beta-hydroxylase	0	Unigene 0035083	2 376	5.412	0	上调
hsd3b2	3 beta-hydroxysteroid dehydrogenase	0	Unigene 0005605	2 159	4.428	0	上调

续表

基因名称	Nr 注释	E 值	转录 ID	长度 (bp)	log_2（差异倍数）(♂/♀)	错误发现率	趋势
hsd11b2	corticosteroid 11-beta-dehydrogenase isozyme 2-like	0	Unigene 0046664	1 717	3.545	0	上调
cyp21a1	steroid 21-hydroxylase	2×10^{-179}	Unigene 0018386	833	3.385	1.14×10^{-25}	上调
cyp7a1	cholesterol 7-alpha-monooxygenase-like	0	Unigene 0037761	2 470	3.332	8.96×10^{-202}	上调
cyp11a1	cholesterol side chain cleavage cytochrome P450	0	Unigene 0062489	1 799	3.227	1.05×10^{-240}	上调
srd5a2	3-oxo-5-alpha-steroid 4-dehydrogenase 2-like	2×10^{-62}	Unigene 0040248	1 913	3.095	0	上调
hsd17b3	testosterone 17-beta-dehydrogenase 3	6×10^{-80}	Unigene 0025883	2 410	1.476	5.31×10^{-80}	上调
cyp17a1	steroid 17-alpha-hydroxylase	0	Unigene 0064914	7 361	1.438	0	上调
akr1d1	3-oxo-5-beta-steroid 4-dehydrogenase	0	Unigene 0057895	1 535	1.076	7.85×10^{-32}	上调
hsd17b7	3-keto-steroid reductase-like	0	Unigene 0059554	1 447	−2.032	4.20×10^{-234}	下调
hsd17b12	estradiol 17-beta-dehydrogenase 12	7×10^{-95}	Unigene 0009860	2 508	−2.184	0	下调
hsd17b1	estradiol 17-beta-dehydrogenase 1	0	Unigene 0006986	1 324	−6.137	9.56×10^{-152}	下调
erα	estrogen receptor alpha	0	Unigene 0047514	2 544	−3.291	0	下调
ar	androgen receptor-like	0	Unigene 0000802	2 492	2.076	5.19×10^{-132}	上调

续表

基因名称	Nr 注释	E 值	转录 ID	长度(bp)	$\log_2$(差异倍数)(♂/♀)	错误发现率	趋势
fshβ	gonadotropin subunit beta	1×10^{-60}	Unigene 0005214	694	3.700	3.67×10^{-87}	上调
lhr	luteinizing hormone receptor	0	Unigene 0031984	2 331	1.963	3.68×10^{-39}	上调
sf-1	steroidogenic factor 1	0	Unigene 0059707	1 415	1.847	1.59×10^{-87}	上调
nr0b2	nuclear receptor subfamily 0 group B member 2-like	2×10^{-118}	Unigene 0034415	1 173	3.541	6.40×10^{-32}	上调
gdf9	growth differentiation factor 9	0	Unigene 0025612	2 176	−6.021	0	下调
sox3	transcription factor SOX-3	0	Unigene 0027580	1 808	−3.137	0	下调
sox6	transcription factor SOX-6	1×10^{-118}	Unigene 0027522	848	−7.773	1.71×10^{-2}	下调
sox8	transcription factor SOX-8-like	2×10^{-71}	Unigene 0058195	360	10.931	1.64×10^{-8}	上调
fem1b	protein fem-1 homolog B	1×10^{-46}	Unigene 0016088	1 675	−2.941	1.37×10^{-159}	下调
fem1c	protein fem-1 homolog C	0	Unigene 0030772	3 235	−1.034	9.48×10^{-121}	下调
dmrt1	doublesex and mab-3 related transcription factor 1	9×10^{-148}	Unigene 0045851	1 444	9.377	0	上调
dmrt1b	doublesex and mab-3 related transcription factor 1B	1×10^{-36}	Unigene 0042385	1 037	16.163	0	上调

续表

基因名称	Nr注释	*E*值	转录ID	长度(bp)	log₂(差异倍数)(♂/♀)	错误发现率	趋势
dmrt3	doublesex and mab-3 related transcription factor 3	0	Unigene 0039190	1 612	5.169	3.54×10^{-97}	上调
dmrt1a	doublesex and mab-3 related transcription factor 1A	6×10^{-52}	Unigene 0069478	368	2.114	5.56×10^{-4}	上调
dmrt2a	doublesex and mab-3 related transcription factor 2A	0	Unigene 0056059	2 599	−1.092	6.97×10^{-16}	下调
gsdf1	gonadal soma derived factor 1	1×10^{-77}	Unigene 0019441	1 809	6.699	0	上调
amhr2	Anti-Müllerian hormone type-2 receptor	0	Unigene 0045120	2 214	3.779	3.60×10^{-265}	上调
amh	Anti-Müllerian hormone	2×10^{-147}	Unigene 0039177	2 638	7.833	0	上调

3.2.8　SSR标记开发与多态性验证

在9 617条非重复序列中找到符合条件的12 751个SSR。SSR发生的频率(含有SSR的非重复序列数目与总非重复序列数目之比)为13.77%,出现的频率(检出SSR个数与总非重复序列数目之比)为18.26%。其中7 389条非重复序列含单个SSR位点,2 228条非重复序列含2个及2个以上SSR位点。复合型SSR数目为1 325个(表3-4)。斗鱼转录组中,SSR的主要重复类型是双核苷酸,占SSR总数的50.33%,三核苷酸和四核苷酸次之,分别为36.52%、9.48%,五核苷酸、六核苷酸重复的数量很少,两者合计3.66%。从分布情况看,斗鱼转录组中平均每5 989 bp就含有1个SSR位点。核苷酸数目具有不同的重复基元,其重复的次数也有较大差异。二核苷酸重复的位点基元重复次数最多为6~7次,其他位点基本在8~9次以及大于15次;三核苷酸重复的位点基元重复次数多集中在5~6次,较少数在7~9次,极个别位点>10次;四核苷酸重复的位点基元重复次数大多为4~7次,其他小部分>8次;五核苷酸、六核苷酸重复的位点基元重复次数大多为4～5次，其他小部分>6次。出现最高频率的重复基元为二碱基重复AC/GT，其次为二碱基重复AG/CT，二者之和占SSR位点总数的46.35%。三核苷酸重复中出现最多的重复基元是AGG /CCT，此外出现较多的还有AGC/CTG、CCG /CGG等。四核苷酸重复中出现较多的重复基元有AAAC/GTTT、ACAG/CTGT。五核苷酸和六核苷酸的重复基元加起来仅占SSR位点总数的10.56%（图3-7，彩图12）。

表3-4 泰国斗鱼转录组SSR位点鉴定

项目	值
被检测序列的总数	69 836
被检测序列的总碱数(bp)	76 366 868
已确认SSRs的总数	12 751
含有SSR的序列数量	9 617
含有超过1个SSR的序列数量	2 228
复合SSR数量	1 325

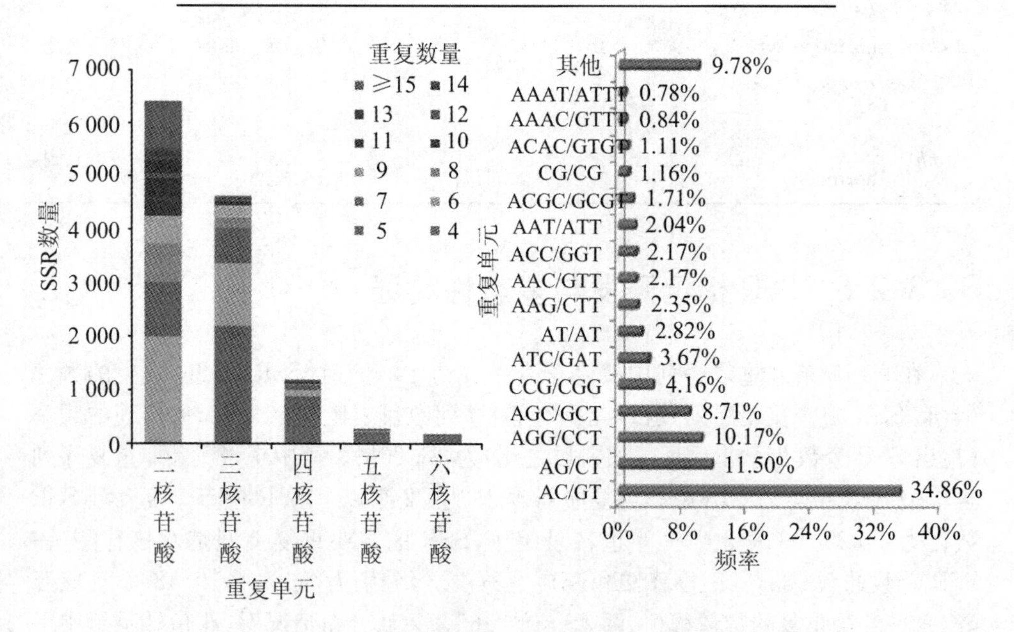

图3-7 泰国斗鱼转录组SSR位点特征分析

利用Primer 5.0软件，为7 970条含SSR位点的非重复序列序列成功设计了引物。为了评估其可用性和多态性，随机选取、合成了100对引物用于PCR验证。分析结果表明，共有53对引物产生了特异性条带。利用30尾泰国斗鱼进行群体验证以上引物的多态性，有34个位点表现为单态，19个位点表现为多态。在这19

个位点中，共检测到等位基因65个，各位点等位基因数(N_a)介于2～5范围，平均3.42个；各位点观测杂合度(H_o)在0.167～0.933范围，平均为0.575；期望杂合度(H_e)介于0.430～0.772范围，平均为0.618；*PIC*值介于0.357～0.617范围，平均为0.534(表3-5)。

表3-5　30尾泰国斗鱼群体中19个多态SSR位点的特征分析

SSR ID	位点		引物序列(5′—3′)	重复单元	基因长度(bp)	T_a(℃)	N_a	H_o	H_e	*PIC*
BsSSR008	Unigene0061796	F	GATTCGGACTACGAGCTGGA	$(CA)_{14}$	187	60	4	0.867	0.642	0.569
		R	CACATGAAGCTTAGTGGGGG							
BsSSR010	Unigene0009720	F	CTGGAGAACACGCAGTACGA	$(GGACCA)_4$	276	55	3	0.367	0.633	0.544
		R	TTCGGATCAGTGTCATGAGG							
BsSSR014	Unigene0028390	F	GTGACGATGGAGAAAACGGT	$(GCC)_6$	149	58	3	0.833	0.657	0.570
		R	GCTTTTCTAGGTTTGCACGG							
BsSSR019	Unigene0050924	F	TCAGAAGAAAGAGGGACGGA	$(AC)_8$	280	56	3	0.700	0.595	0.513
		R	GAGAGAGTCCAACCTGCACA							
BsSSR020	Unigene0015325	F	AAGCAGCAACACACGAACAG	$(TG)_{10}$	128	56	3	0.233	0.430	0.357
		R	TTGATTCTCTGCACGCTGTC							
BsSSR023	Unigene0021148	F	ACACAACAGTCTCCCTTCGC	$(CGCCA)_5$	203	58	5	0.724	0.682	0.617
		R	GGGGGACAATGGGAGAAATA							

续表

SSR ID	位点		引物序列（5′—3′）	重复单元	基因长度(bp)	T_a(℃)	N_a	H_o	H_e	PIC
BsSSR031	Unigene0041043	F	AGGAGAGAGTGAGACAGCGG	$(AGC)_6$	239	56	3	0.800	0.615	0.527
		R	CTGGAAAACAAGGCAGAAGC							
BsSSR032	Unigene0066200	F	GGCAGCTAAACAACCTCCAG	$(TA)_6$	246	56	2	0.367	0.508	0.375
		R	CAGGAGCAGCAGACTTTTCC							
BsSSR039	Unigene0010115	F	GGTCCAAACACAAACCCATC	$(GT)_{10}$	236	54	4	0.733	0.632	0.556
		R	GTGCTTCATGCTTGTGCATT							
BsSSR042	Unigene0013687	F	GGATACAATGAAGGAGCGGA	$(CA)_9$	239	58	2	0.367	0.499	0.371
		R	GCCTGTATTTGCATGTGGTG							
BsSSR043	Unigene0049069	F	TTCCGTTTCCTGGACTTGAC	$(TTC)_5$	243	55	2	0.400	0.506	0.374
		R	GGATGACAGTCCCTGAGAGC							
BsSSR044	Unigene0012215	F	GGGTTTGCTCCAGTGATTGT	$(GT)_9$	262	55	4	0.400	0.617	0.541
		R	GTCCACAAGCTTCCCGAATA							
BsSSR051	Unigene0059934	F	GTGATATCCTGTCACCGCCT	$(ATT)_8$	131	55	4	0.700	0.671	0.591
		R	GACCAAATTAGCAGGGACGA							
BsSSR053	Unigene0003140	F	GTTCGGTGGCAGGGTATAAA	$(TG)_{16}$	194	58	4	0.367	0.607	0.541
		R	ATGCTTCCTACTGCCCTGTG							

续表

SSR ID	位点		引物序列（5′—3′）	重复单元	基因长度(bp)	T_a(℃)	N_a	H_o	H_e	PIC
BsSSR068	Unigene0022064	F	ATGAGAGGAGGAGCAGCAAA	$(TGCAGC)_4$	234	60	4	0.400	0.724	0.658
		R	GCCTTTGGAAGTGAGACAGG							
BsSSR069	Unigene0008534	F	TAAGAGCCCAGGTTTTCACG	$(CAG)_7$	265	55	4	0.733	0.718	0.652
		R	GGCATGTCCTTGATGAGGTT							
BsSSR077	Unigene0033389	F	GGCTGATTCACCCCAAATAC	$(TG)_7$	256	53	3	0.933	0.651	0.568
		R	TTCCTTTGCATTGCTCACAG							
BsSSR079	Unigene0039100	F	CGGAAGCAGCAGTCCTACAT	$(GCG)_7$	234	57	3	0.833	0.594	0.495
		R	CTGCTGCAGCTCTTTCCTCT							
BsSSR081	Unigene0006030	F	GTGCGTAAAGCCGAAAGAAG	$(GGC)_5$	220	55	5	0.167	0.772	0.720
		R	GTGAGGAGACACCGACTGCT							

3.3　讨　　论

转录组是在一个或多个细胞中表达的 RNA 转录物的集合。转录组分析可以帮助我们在整体水平上研究细胞中基因转录的情况及转录调控规律。新的 RNA-seq技术已经大幅度提高了人们对非模式物种进行转录组分析的能力，转录组测序开拓了生物功能研究的新领域。与 cDNA 芯片相比，高通量 RNA 测序不需要预先针对已知序列设计探针，它可以对任意物种的转录组进行测序，能够提供更高的检测通量且花费更低成本和时间，是研究转录组更理想的方法。目前已对鲤、斑点叉尾鮰、虹鳟和红鳍东方鲀等硬骨鱼类使用高通量测序技术进行了转录组研究。本研究对泰国斗鱼转录组进行测序和功能分析，拼接共得到 69 836 条非重复序列，与NCBI非冗余蛋白质数据库(Nr)比对的结果显示，有34 129条非重复序列与数据库中的已知基因同源性较低，占总数的48.87%，可能是未知基因；其余35 707条(51.13%)非重复序列与数据库中的已知基因同源性比较高，其中和数据库已有的大黄鱼(*Larimichthys crocea*)序列匹配率最高，占27.51%，剩余的和其他物种匹配。这说明数据库中已有的泰国斗鱼基因序列极少，我们获得的非重复序列大大丰富了现有数据库中泰国斗鱼的基因资源。GO、KOG和KEGG的功能注释与分类对于深入了解基因的功能极为重要。我们获得的非重复序列中仅有20%～30%被注释到GO、KOG和KEGG数据库，这主要是因为目前国际公共基因数据库中收录的硬骨鱼类基因还比较少，本研究获得的很多非重复序列都搜索不到同源基因序列。尽管这样，这3个数据库注释结果可帮助我们了解更多泰国斗鱼的生物学特性。通过这些注释，我们可以了解其基因的分子功能、所处的细胞位置、参与的生物过程、代谢途径或信号通路等，这为今后挖掘泰国斗鱼功能基因、研究相关生理功能提供了数据资料。本书通过高通量测序，获得了大量的泰国斗鱼的转录组信息，为泰国斗鱼的基因克隆、分子标记发掘和基因组学研究等提供了有价值的数据。

参考文献

[1] Chailertrit V, Swatdipong A, Peyachoknagul S, et al. Isolation and characterization of novel microsatellite markers from Siamese fighting fish (*Betta splendens*, Osphronemidae, Anabantoidei) and their transferability to related species, B smaragdina and B Imbellis[J]. Genet. Mol. Res., 2014, 13(3): 7157-7162.

[2] Dzieweczynski T L, Gill C E, Walsh M M. The nest matters: reproductive state influences decision-making and behavioural consistency to conflicting stimuli in male Siamese fighting fish, *Betta splendens*[J]. Behaviour, 2010, 147(7): 805-823.

[3] Dzieweczynski T L, Hebert O L. Fluoxetine alters behavioral consistency of aggression and courtship in male Siamese fighting fish, *Betta splendens*[J]. Physiol. Behav., 2012, 107(1): 92-97.

[4] Dzieweczynski T L, Hentz K B, Logan B, et al. Chronic exposure to 17α-ethinylestradiol reduces behavioral consistency in male Siamese fighting fish[J]. Behaviour, 2014, 151(5): 633-651.

[5] Dzieweczynski T L, Perazio C E. I know you: familiarity with an audience influences male-male interactions in Siamese fighting fish, *Betta splendens*[J]. Behav. Ecol. Sociobiol., 2012, 66(9): 1277-1284.

[6] Eisenreich B R, Szaldapetree A. Behavioral effects of fluoxetine on aggression and associative learning in Siamese fighting fish (*Betta splendens*)[J]. Behav. Processes, 2015, 121: 37-42.

[7] Forette L M, Mannion K L, Dzieweczynski T L. Acute exposure to 17α-ethinylestradiol disrupts audience effect on male-female interactions in *Betta splendens*[J]. Behav. Processes, 2015, 113: 172-178.

[8] Forsatkar M N, Dadda M, Nematollahi M A. Lateralization of aggression during reproduction in male Siamese fighting fish[J]. Ethology, 2015, 121 (11): 1039-1047.

[9] Garber M, Grabherr M G, Guttman M, et al. Computational methods for transcriptome annotation and quantification using RNA-seq [J]. Nat. Methods, 2011, 8(6): 469-477.

[10] Karino K, Someya C. The influence of sex, line, and fight experience on aggressiveness of the Siamese fighting fish in intrasexual competition[J]. Behav Processes, 2007, 75(3): 283-289.

[11] McCarthy D J, Chen Y, Smyth G K. Differential expression analysis of multifactor RNA-seq experiments with respect to biological variation[J]. Nucleic Acids Res., 2012, 40(10): 4288-4297.

[12] Mortazavi A, Williams B A, McCue K, et al. Mapping and quantifying mammalian transcriptomes by RNA-Seq[J]. Nat. Methods, 2008, 5 (7): 621-628.

[13] Regan M D, Dhillon R S, Toews D P L, et al. Biochemical correlates of aggressive behavior in the Siamese fighting fish[J]. J. Zool., 2015, 297(2): 99-107.

[14] Verbeek P, Iwamoto T, Murakami N. Variable stress-responsiveness in wild type and domesticated fighting fish[J]. Physiol. Behav, 2008, 93 (1-2): 83-88.

[15] Yang W, Chen H P, Cui X F, et al. Sequencing, de novo assembly and characterization of the spotted scat *Scatophagus argus* (Linnaeus 1766) transcriptome for discovery of reproduction related genes and SSRs[EB/OL]. J. Oceanol Limn. published online on September 2017. https://link.springer.com/article/10.1007/s00343-018-7090-0.

第4章　泰国斗鱼 *dmrt1b* 基因的克隆及表达分析

DMRT 家族，从本质上看是一个与性别决定相关的基因家族，它所编码的转录因子具备一个非常保守的 DM 结构域，靠特殊的锌指构造特异地与下游的目标 DNA 结合。该基因家族主要参与胚胎的性别分化、配子形成和促进性腺发育，还具有在某种程度上参与调节神经发育等的功能。DMRT 是迄今为止发现的唯一一个在无脊椎动物和脊椎动物中均存在的并与性别决定密切相关的保守性基因。而家族成员 *dmrt1* 基因在鱼类、爬行类、鸟类和哺乳动物的性腺中都有表达，在雄性中的表达量通常高于雌性，并被认为是尼罗罗非鱼精巢分化的分子标识。*dmrt1* 基因管制精巢发育的多个方面，包含细胞分化、细胞增殖、细胞迁移及生殖细胞的全能性等，并且控制足细胞的增殖和分化。经研究表明，DMRT 家族成员的种类组成在不同物种中有所差异，如 *dmrt1* 基因在人类中共发现 8 种，在爬行类动物中有 7 种，在两栖类中共发现 5 种，而在鱼类中则有 5 大类群，分别命名为 *dmrt1-5*，*dmrt1* 是目前研究所发现的 DMRT 家族成员中被研究得较为清楚的一类。该基因在哺乳类、鱼类、鸟类、爬行类及两栖类动物中，都在性别分化期间的雄性的性腺及雄性的成体精巢中特异性地表达，所以对雄性性腺的形成和功能维持具有重要的调控作用。

现有研究成果表明，*dmrt1* 作为性别决定相关的基因最早出现于涡虫，在节肢动物中其性别决定基因地位达到高峰，而在甲壳纲中其性别决定基因地位已经开始弱化。在众多的脊椎动物中，*dmrt1* 作为性别决定基因地位已逐渐弱化，仅在个别物种如青鳉、半滑舌鳎、非洲爪蟾、原鸡中是性别决定基因。但每个物种具体的调控机制，特别是以 *dmrt1* 基因作为性别决定基因的物种，它们之间是否存在相似的调控网络，还需进一步研究，且很多十足目物种的 DMRT 序列及功能还未见报道。以上这些都需要我们继续研究，探索 *dmrt1* 基因是否也具有类似功能。

泰国斗鱼作为水族斗士，一般用于比赛的是色彩较为斑斓、体态庞大优美的雄鱼，而雌鱼相对来说体态细小，色彩也没有雄鱼丰富，所以人们对雄鱼的追求量大大高于雌鱼。目前对泰国斗鱼的探讨主要偏向于繁殖方面，但在其性别调控及生理调控机理等方面的研究尚少。本书以泰国斗鱼为研究对象，使用现代分子克隆及生物信息学的技术，克隆鉴定出 *dmrt1b* 基因的 cDNA 序列，并展开了序列分析及组织分布研究，以深入探讨 *dmrt1b* 基因在泰国斗鱼中的表达情况，为泰国斗鱼早期性别鉴定、单性育种及其性别决定机制研究提供理论依据。

4.1　材料与方法

4.1.1　实验材料

1. 实验鱼

泰国斗鱼成体，购买自广东省湛江市霞山区花鸟市场。雌、雄鱼数量基本相等，在实验室养殖到一定程度后，将雌、雄鱼置于冰上低温处理后解剖，分别取脑、性腺、垂体、心脏、肌肉、肝、肾、脾、肠等组织器官溶解于液氮中，于－80 ℃冰箱中保存，用于总 RNA 的提取。

2. 实验试剂

总 RNA 提取使用的是 Trizol 试剂盒（Life Technologies，USA）（生命科技，美国）；去除基因组 DNA 使用的 DNase Ⅰ 和反转录使用的 The ReverTra Ace-α first-strand cDNA Synthesis Kit（第一条链 cDNA 合成反转录试剂盒）（TOYOBO，Japan）（东洋纺，日本）；基因克隆使用的是 Smart-RACE 试剂盒（Takara，Japan）（宝生，日本）；Taq 酶（中国天根公司）；其余化学试剂均为国产分析纯。

3. 实验仪器

包括基因克隆所需的 C1000™ Thermal Cycler PCR 扩增仪，表达分析所需的购买自北京六一仪器厂的 DYY-6C 型电泳仪和广州誉维生物科技仪器有限公司的 Tanon 1600R 凝胶成像分析系统以及分离所需的购买自江苏兴化市分析仪器厂的 Centrifuge 5415R 高速冷冻离心机和 TGL-160 高速台式离心机。

4.1.2　实验方法

1. 泰国斗鱼 *dmrt1b* 基因的 cDNA 序列克隆

(1) 引物设计

经过 NCBI 基因库的序列搜寻，取得其他相近鱼类 *dmrt1* 基因 cDNA 序列。通过比对分析，依据保守序列，设计出用于泰国斗鱼 *dmrt1b* 基因的 Smart-RACE 克隆的引物（表 4-1）。

表 4-1　泰国斗鱼 *dmrt1b* 基因的克隆与定量分析中所用到的引物

基因	目的	引物	序列
dmrt1	5′ RACE PCR	DMRT1-5R1(第一轮)	AGGAACCACGGCTACATG
		DMRT1-5R2(第二轮)	GGTCGCTGGGTAGTAAGAAT
	3′ RACE PCR	DMRT1-3F1(第一轮)	AGGAACCACGGCTACATG
		DMRT1-3F2(第二轮)	TGCCTGTTCCCTGTTGAG
	开放阅读框	F1	GTCATCGTTGGGCTCGGCGGCC
		F2	ACAAGCAAAGTATGAGGGTTAA
β-actin	组织分布分析	F	GAGAGGTTCCGTTGCCCAGAG
		R	CAGACAGCACAGTGTTGGCGT

(2) 泰国斗鱼总 RNA 的提取(Trizol 法)

① 从−80 ℃冰箱取出 80 mg 左右的组织样品,加入 Trizol 试剂 1 mL,用 1 mL 一次性塑料注射器重复抽打匀浆,使组织充分混匀溶解到 Trizol 试剂中,而后室温静置 5 min,使细胞裂解。

② 加入 200 μL 氯仿,涡旋剧烈振荡 15 s,然后室温静置 15 min,使溶液分层。

③ 在 12 000 r/min,4 ℃条件下,离心 15 min,上层为所要提取的 RNA,中层为蛋白质,下层为含 DNA 的有机物,然后将上层液体转移至一个新的 1.5 mL 离心管中。

④ 加入 500 μL 异丙醇,涡旋振荡混匀,室温静置 5～10 min。

⑤ 在 12 000 r/min,4 ℃条件下,离心 10 min,弃去上清异丙醇,用移液器吸去多余的残留液体。

⑥ 加入 1 mL 70%乙醇,旋涡振荡洗涤沉淀。

⑦ 12 000 r/min,4 ℃条件下,离心 5 min,弃去上清液,短暂离心,用移液器小心地吸掉剩余的乙醇。

⑧ 加入 1 mL 无水乙醇,在 12 000 r/min,4 ℃条件下,离心 5 min,弃去上清液,短暂离心,用枪头小心去除乙醇后,室温干燥约 5 min,让残留的乙醇挥发干净,加入适量的 DEPC 水溶解 RNA。

⑨ 采用核酸蛋白测定仪测定所提 RNA 样品的 OD_{260}、OD_{280},以确定 RNA 的浓度是否适当。

⑩ 最后取 1 μg 总 RNA 进行 1.0%琼脂糖凝胶电泳来检测 RNA 的完整性。

(3) 反转录

① 取 2 μg 总 RNA 样品,DNA 酶(RNase-free DNase I,Fermentas,USA) 37 ℃处理 30 min,除去基因组 DNA 污染,反应体系如表 4-2 所示。

表 4-2　反转录反应体系

反应成分	体积(μL)
RNA(2μg)	x
DNase I buffer	1
DNase I	1
ddH_2O	$8-x$

② 加入 1 μL 10 mmol/L EDTA 振荡混匀后，70 ℃条件下处理 10 min 以灭活 DNA 酶；结束后置于冰上。

③ 加入 Oligo(dT)2 μL，M-MLV 5× reaction buffer 5μL，dNTP 1.25μL，M-MLV反转录酶 1 μL，DEPC 水 4.75 μL，然后 42℃条件下处理 1 h，结束后保存备用，其反应体系如表 4-3 所示。

表 4-3　Actin 检测反应体系

反应成分	体积(μL)
DNase I 处理过后的 RNA (1μg)	11
5 × reaction buffer	5
10dNTP	1.25
Oligo(dT)	2
RNase Inhibitor	1
M-MLV Rverse Transcriptae	1
DEPC	4.75

④ 泰国斗鱼 *dmrt1b* 基因 cDNA 全长 PCR 扩增。以泰国斗鱼全脑的 RNA 为模板，操作依据 Smart-RCAE 试剂盒(Takara，Japan)的步骤，进行 *dmrt1b* 基因 5′端和 3′端的第一链 cDNA 的合成，再通过序列重合进行拼接，以获得 cDNA 序列全长，PCR 扩增反应体系如表 4-4 所示。

表 4-4　PCR 扩增反应体系

反应成分	体积(μL)
C-SBF2	1.0
C-SBR1	1.0
RT 产物	1.0
2×PCR DSMix	12.5
超纯水	9.5
总共	25

反应条件：94℃预变性 4 min，94℃变性 30 s，58℃复性 30 s，72℃延伸 1 min，

共40个循环,72℃延伸10 min。

2. 组织分布

取8 μL的泰国斗鱼*dmrt1b*基因cDNA全长PCR扩增产物,进行1.5%的琼脂糖凝胶电泳,电泳条件是:120 V,电泳15 min。电泳结束后,应用Tanon 2500R凝胶成像分析系统进行拍照与半定量分析。

3. 泰国斗鱼*dmrt1b*基因在胚胎发育过程中的表达

收集泰国斗鱼的受精卵,在显微镜10倍镜下连续观察胚胎各个时期的形态,并用照相机拍照。在胚胎的各个时期,分别是胚盘形成期、8细胞期、桑葚期、低囊胚期、原肠胚期、眼囊期、尾芽期、心跳期和孵化期提取总RNA,构建泰国斗鱼*dmrt1b*和18 SrRNA基因的质粒标准样品待用,即将质粒按10倍的梯度逐级稀释,从而建立质粒标准曲线。然后,严格按照SYBR Green Realtime PCR Master Mix (TOYOBO,Japan)试剂盒说明书反应体系,用Roche Light Cycler 480 real time PCR system进行荧光定量PCR操作;其循环规则为,95℃预变性1 min,95℃变性5 s,再以55℃退火10 s,72℃延伸20 s,84℃收集荧光10 s,共40个循环,3个重复,最后依据其标准曲线相对应的域值(Cp)便能获得cDNA的拷贝数。

4.2 结果与分析

4.2.1 泰国斗鱼*dmrt1b*基因的全长cDNA序列

应用Smart-RACE分子克隆技术,从泰国斗鱼的脑组织中克隆取得泰国斗鱼*dmrt1b*基因cDNA全长序列为1 444 bp,共编码337个氨基酸,包括82 bp 5′非编码区,402 bp 3′非编码区和开放阅读框(ORF)为960 bp,编码了319个氨基酸前体蛋白。具有4个糖基化修饰的位点,4个蛋白激酶C位点,4个酪蛋白激酶Ⅱ磷酸化位点,3个N-豆蔻酸位点和4个微体C端定位信号肽位点(图4-1)。

```
1     CCCCCCACGCTTCACTTTTCTTCCTGCTGTCTGATAAGTTTGTGAACTGAGAAGAAATCC
61    CCACGAGCCGGGCAGCGCGTACATGTGCGCGTCCAGCCTTTAATCGGCCCAGTAACAG
121   ACACAGTAACTACAGTCGGACTGTGTCATCGTTGGGCTCGGCGGCCATGAGCAAAGACAA
41                                                    M  S  K  D  K
181   GCCGAGCGCACAGGTACCGGAGAGCACCGGACCCCTATCCCCCCCAACGGCCACAGAGC
61     P  S  A  Q  V  P  E  S  T  G  P  L  S  P  P  N  G  H  R  A
241   CCCGAGGACGCCCAAATGCTCCCGCTGCAGGAACCACGGCTACATGTCGCCCCTGAAGGG
81     P  R  T  P  K  C  S  R  C  R  N  H  G  Y  M  S  P  L  K  G
301   ACACAAGCGCTTCTGCAGGTGGAGGGACTGTCAGTGCGTGAAGTGCAAGCTGATCGCCGA
101    H  K  R  F  C  R  W  R  D  C  Q  C  V  K  C  K  L  I  A  E
361   GCGGCAGCGCGTCATGGCGGCGCAGGTTGCTTTGAGAAGGCAGCAGGCCCAGGAGGAAGA
121    R  Q  R  V  M  A  A  Q  V  A  L  R  R  Q  Q  A  Q  E  E  E
421   GCTCGGCATCTGTAGCCCAGTAGCTCTGTCTGGTCCCGAGGTTCTGGTAAAAAATGAAGT
141    L  G  I  C  S  P  V  A  L  S  G  P  E  V  L  V  K  N  E  V
481   TATGGCAGACTGCCTGTTCCCTGTTGAGGGACGGAGCCCGACACCCACCACATCCTCTGC
161    M  A  D  C  L  F  P  V  E  G  R  S  P  T  P  T  T  S  S  A
541   TGCTTCAGGGGGTCGATCTGCATCATCCTCCAGTCCGTCATCAAGTGTCAGATCTCACTC
181    A  S  G  G  R  S  A  S  S  S  S  P  S  S  S  V  R  S  H  S
601   TGAGGGCCCATCTGACGTGCTGCTGGAAACCTCCTATTATAACCTCTACCAGCCTTCACG
201    E  G  P  S  D  V  L  L  E  T  S  Y  Y  N  L  Y  Q  P  S  R
661   CTACTCCAGCTACTACAGCAACCTTTACAACTACCAGCAGTACCAGATACCCCATGGTGA
221    Y  S  S  Y  Y  S  N  L  Y  N  Y  Q  Q  Y  Q  I  P  H  G  D
721   TGGCCGCCTGTCAGGCCACAACATGTCTTCTCAGTATTGCATGCATTCTTACTACCCAGC
241    G  R  L  S  G  H  N  M  S  S  Q  Y  C  M  H  S  Y  Y  P  A
781   GACCAGCTACCTGAGCCAAGGCCTGGGGTCCTCCTCCTGTGTGCCACAGCTCTTCAGCCT
261    T  S  Y  L  S  Q  G  L  G  S  S  S  C  V  P  Q  L  F  S  L
841   GGATGACAACAACAGCAACAACAACTGCTCTGAGAACATGGCAACCTCCTTCGCACCCAT
281    D  D  N  N  S  N  N  N  C  S  E  N  M  A  T  S  F  A  P  I
901   CTCCACTGGGCACGACTCCACCATGACCTGCAGGTCCTCCAGCTCGCTGCTTCACGCTGA
301    S  T  G  H  D  S  T  M  T  C  R  S  S  S  S  L  L  H  A  D
961   CGCCAAGGCCCAGTGTGAAGCCAGTAATGAGGCGGCCAACTTCACCGTCAACTCCATCAT
321    A  K  A  Q  C  E  A  S  N  E  A  A  N  F  T  V  N  S  I  I
1021  CGACTGTGACAGCACCAAGTGAACAAGCAAAGTATGAGGGTTAAAGCACTGGCAACACGA
341    D  C  D  S  T  K  *
1081  GTTCCTAAAGCGGTTCCACAGTTCACTGACTAGTTTTGTTATTGTAGGTTGTTCGCTTCT
1141  GTTTCTATTAAACCAATTAATGAAAACATTATGTTGAAATTTATTCTATTCTATTTTACT
1201  GACAACAGTTAATCCATTCATTTAGTTAGTTGATTTATTGGTAACATTCAAACCACTAGA
1261  ATAAAGTGAGTAAAGAGAACGTTGTTCGTTGGATTGTTCGCGGTACCAAAAAAGTGTTTA
1321  AATGTAGTTTGACTGTTTTTCTATGGTAAACTTTGACTTTTCCAAAGCAGTATTTGTAAA
1381  TGTGTAAATGCCTGATGTGAGCAGCTTTGTGTCACTTAAATACCAATAAAAAAAAAAAAA
1441  AAAA
```

图 4-1　泰国斗鱼 *dmrt1b* 基因的氨基酸序列

下划线代表 DM 结构域肽段；阴影处代表 DMRT1 蛋白结构域；* 代表终止密码子；方框代表起始密码子和终止密码子；粗波浪下划线代表糖基化修饰位点；细波浪下划线代表酪蛋白激酶Ⅱ磷酸化位点；双下划线代表蛋白激酶 C 位点；连续波点代表微体 C 端定位信号肽位点。

4.2.2 泰国斗鱼 *dmrt1b* 基因与其他鱼类同源性分析

泰国斗鱼 *dmrt1b* 基因的氨基酸序列与 *Anoplopoma fimbria* 裸盖鱼、*Epinephelus coioides* 点带石斑鱼、*Oreochromis niloticus* 尼罗罗非鱼、*Acanthopagrus schlegelii* 黑鲷、*Dicentrarchus labrax* 鲈鱼、*Parajulis poecilepterus* 花鳍海猪鱼、*Monopterus albus* 黄鳝等 18 种不同物种相对应的 *dmrt1b* 基因的氨基酸序列同源性进行比较，具体结果如表 4-5 所示。

表 4-5 泰国斗鱼与部分鱼类氨基酸同源性

物种	氨基酸同源性
Anoplopoma fimbria 裸盖鱼	75%
Epinephelus coioides 点带石斑鱼	71%
Oreochromis niloticus 尼罗罗非鱼	74%
Acanthopagrus schlegelii 黑鲷	74%
Dicentrarchus labrax 鲈鱼	73%
Parajulis poecilepterus 花鳍海猪鱼	70%
Monopterus albus 黄鳝	70%
Paralichthys olivaceus 牙鲆	70%
Sebastes schlegelii 许氏平鲉	71%
Channa argus 乌鳢	72%
Takifugu rubripes 东方红鳍鲀	61%
Pseudolabrus japonicus 粗拟隆头鱼	66%
Xiphophorus maculatus 月光鱼	65%
Plecoglossus altivelis 香鱼	62%
Astyanax mexicanus 墨西哥脂鲤	59%
Clarias fuscus 胡子鲶	59%
Tetraodon nigroviridis 绿河豚	58%
Oryzias latipes 青鳉	63%

从表 4-5 可知泰国斗鱼 *dmrt1b* 基因和裸盖鱼、尼罗罗非鱼、黑鲷、鲈鱼、乌鳢、点带石斑鱼、许氏平鲉的 *dmrt1b* 氨基酸序列具有比较高的同源性，分别为 75%、74%、74%、73%、72%、71%和 71%。与其他物种相比有的在 70%以下但也仍具有 55%以上的同源性。

4.2.3　泰国斗鱼 *dmrt1b* 基因的系统进化树分析

使用 Mega 6.06 软件中临近归群法对泰国斗鱼与其他物种的 *dmrt1b* 的氨基酸序列进行进化树分析。由图 4-2 可知，泰国斗鱼 *dmrt1b* 基因与黄鳝的 *dmrt1* 基因共聚类。可知，泰国斗鱼 *dmrt1b* 和黄鳝这个物种在生物进化上的亲缘关系更好。

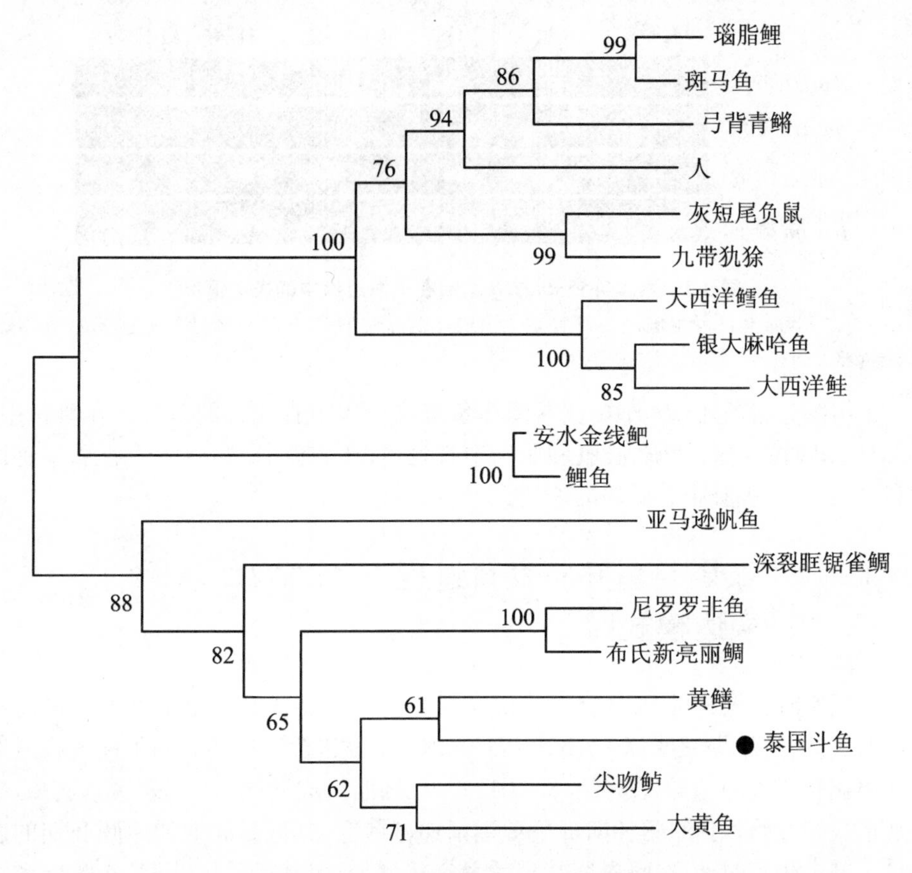

图 4-2　泰国斗鱼和其他物种的 *dmrt1b* 基因的系统进化树

以上各物种的 *pomc* 基因在 NCBI 的登录号为：瑙脂鲤(*Squalius alburnoides*)：ABY62776.1；斑马鱼(*Danio rerio*)：AAN61063.1；弓背青鳉(*Oryzias curvinotus*)：BAC65996.1；人(*Homo sapiens*)：NP_068770.2；短灰尾负鼠(*Monodelphis domestica*)：XP_001374014.1；九带犰狳(*Dasypus novemcinctus*)：XP_004456130.1；大西洋鳕鱼(*Gadus morhua*)：AFA46802.1；银大麻哈鱼(*Oncorhynchus kisutch*)：XP_020325728.1；大西洋鲑(*Salmo salar*)：XP_014028245.1；安水金线鲃(*Sinocyclocheilus anshuiensis*)：XP_016320037.1；鲤鱼(*Cyprinus carpio*)：XP_018936963.1；亚马逊帆鱼(*Poecilia formosa*)：XP_007541342.1；深裂眶锯雀鲷(*Stegastes partitus*)：XP_008291535.1；尼罗罗非鱼(*Oreochromis niloticus*)：XP_003447317.1；布氏新亮丽鲷(*Neolamprologus brichardi*)：XP_006794474.1；黄鳝(*Monopterus albus*)：XP_020452985.1；尖吻鲈(*Lates calcarifer*)：XP_018554345.1；大黄鱼(*Larimichthys crocea*)：XP_019113286.1。

4.2.4 泰国斗鱼 *dmrt1b* 基因的组织表达

以 1 μg 上述各组织 RNA 样品为模板，用 Q-SBF3 和 Q-SBR2 为引物进行 PCR(38 个循环)，在雌鱼和雄鱼的脑、垂体、肝脏、性腺、肾脏、脾脏、心脏和肠中各扩增出预期条带，如图 4-3 所示。

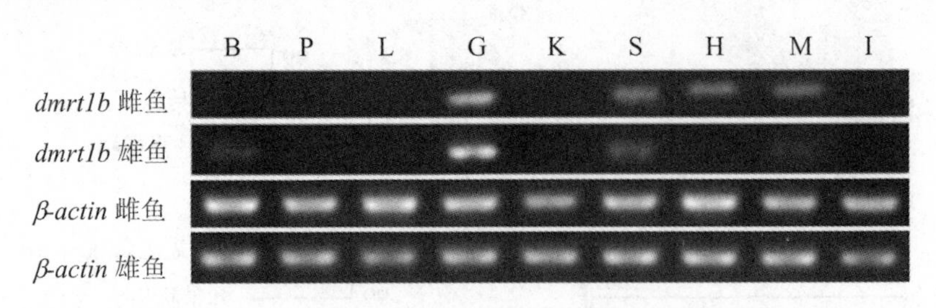

图 4-3 泰国斗鱼 *dmrt1b* 基因在不同组织中的表达情况

B 为脑，P 为垂体，L 为肝脏，G 为性腺，K 为肾脏，S 为脾脏，H 为心脏，M 为肌肉，I 为肠，*β-actin* 基因为内参对照。

由组织分布可知，*dmrt1b* 在泰国斗鱼雌雄个体中有较大的差异。在雌鱼中，*dmrt1b* 基因在性腺、脾脏、心脏和肌肉中有表达；在雄鱼中，*dmrt1b* 在性腺中有比较高的表达，在脾脏中有微弱的表达。

4.2.5 泰国斗鱼胚胎发育过程中 *dmrt1b* 基因的表达模式

采用实时荧光定量 PCR 技术分析泰国斗鱼 *dmrt1b* 基因在胚胎发育不同时期的相对表达量，结果表明 *dmrt1b* 基因的 mRNA 表达含量在胚胎的不同发育时期呈现出比较明显的差异(图 4-4，彩图 13)。在胚胎形成期，mRNA 表达量最高，然后从形成期开始直到原肠胚期都呈现逐渐递减状态，其低囊胚期和原肠胚期的表达量是基本相等的，但在眼囊期其表达量突然增加，但其后的尾芽期、心跳期和孵化期这三个发育时期 mRNA 的表达含量又降低并且维持在一个很低的表达水平。

柱形图上的不同字母表示具有显著差异($P<0.05$)；纵坐标代表目的基因与对应 18srRNA 基因表达量之比，横坐标表示泰国斗鱼胚胎发育的不同时期。

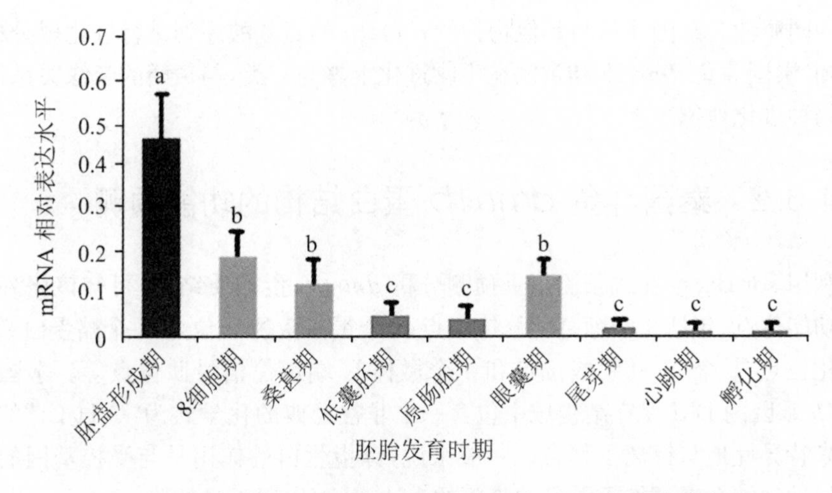

图 4-4　泰国斗鱼 *dmrt1b* 基因在胚胎发育的不同时期的表达水平

4.3　讨　　论

4.3.1　泰国斗鱼 *dmrt1b* 的保守性及系统进化分析

dmrt1 基因是第一个在小鼠及人类中克隆得到的包含着 DM 结构域的基因，在不同物种的性腺中均有表达。经研究表明，现已证实 *dmrt1b* 具有参与性别分化及精巢发育的功能。*dmrt1* 作为一个在无脊椎动物和脊椎动物中均广泛存在的相对古老的一个基因家族，因其结构相对保守，很可能在功能上也具有相当的保守性。现有的研究表明，*dmrt1b* 基因的功能更多地体现在性别决定上，特别是在调节雄性性腺分化及精子成熟方面起着重要作用。现有的研究成果表明，*dmrt1* 作为性别决定基因，最早体现在涡虫中，然后在节肢类动物中其性别决定基因作用最明显，但后来在甲壳纲动物中该基因的性别决定作用已经开始弱化。研究表明，在脊椎动物中 *dmrt1* 作为性别决定的基因作用已接近“尾声”。仅在个别物种中如原鸡、青鳉、非洲爪蟾、半滑舌鳎中是性别决定基因。

在本次实验中，泰国斗鱼 *dmrt1b* 基因 cDNA 全长序列为 1 444 bp，共编码 337 个氨基酸，ORF 为 960 bp，编码了 319 个氨基酸前体蛋白。该基因具有一个由 66 个氨基酸组成的 DM 保守结构域，靠特殊的锌指结构特异地与下游的目的 DNA 结合。该基因的 DM 结构域在氨基酸组成上与多个不同物种具有比较高的同源性。泰国斗鱼 *dmrt1b* 基因的氨基酸序列与黄鳝、大黄鱼、尼罗罗非鱼、慈鲷鱼、斑马鱼和锦鲤等相对应的 *dmrt1b* 基因的氨基酸序列进行比较，结果可知泰国斗鱼 *dmrt1b* 基因和尼罗罗非鱼、黑鲷、乌鳢和点带石斑鱼的 *dmrt1b* 氨基酸序列具有比较高的同源性。泰国斗鱼与其他物种的 *dmrt1b* 的氨基酸序列进行进化树分析，结果可知，泰国斗鱼 *dmrt1b* 和黄鳝在生物进化上聚为一类，与黄鳝的亲缘关系最近，符合物种进化地位。

4.3.2 泰国斗鱼 *dmrt1b* 蛋白结构的功能预测

利用 softBerry 在线预测工具预测分析 *dmrt1b* 蛋白质结构，可知该序列具有多个功能位点，包括 4 个糖基化修饰位点；4 个蛋白激酶 C 位点；4 个酪蛋白激酶Ⅱ磷酸化位点；3 个 N-豆蔻酸位点和 4 个微体 C 端定位信号肽位点等。泰国斗鱼 *dmrt1b* 基因的 DM 保守结构域中包含一个非常经典的化学式为“$C_2H_2C_4$”的锌指结构来特异性地与锌离子螯合。一般来说，锌指蛋白的作用是与受控基因的启动子特异性地结合来调控下游目的基因的表达，从而作用于足细胞（sertoli cell）来影响精巢发育。在三维构型上，泰国斗鱼 *dmrt1b* 基因的 DM 保守结构域与果蝇的性别决定基因 *dsx* 的 DM 结构域的构型非常相似，由此可推测该基因可能与泰国斗鱼的雄性性别决定相关。

4.3.3 泰国斗鱼 *dmrt1b* 的组织表达

在本实验中，由组织分布可知，*dmrt1b* 基因的表达在泰国斗鱼雌雄成体中有着较大的差异，雌性成体中 *dmrt1b* 基因在脑、肝脏和肾脏中有着一般的表达，在心脏、肌肉和肠中也有微弱的表达，但在垂体、性腺和脾中几乎不表达。由此推测 *dmrt1b* 基因对雌性性别调控没有很明显的调节作用。而在雄鱼成体中，*dmrt1b* 基因在性腺、心脏和肌肉三种器官中都有比较高的表达，尤其在性腺中的表达量最高，在脑、垂体和肝脏也有微弱表达，但其在肾脏、肠和脾脏中几乎不表达。据有关研究表明，小鼠的 *dmrt1* 基因就是通过控制哺乳动物精子细胞有丝分裂向减数分裂转化来调控精原细胞的发育及分化，而泰国斗鱼 *dmrt1b* 基因在性腺中表达量最高，此结果与非洲胡子鲇、黑鲷和奥利亚罗非鱼等研究结果基本一致，表明 *dmrt1b* 是上述鱼类的雄性特异表达基因，推测与精巢发育有关。但 *dmrt1b* 基因除了在性腺中表达量较高外，在肾脏、心脏和脑中也有所表达，证明其除了是雄性特异表达的基因外，在某种程度上也有参与调节神经发育和其他器官形成等功能。

4.3.4 泰国斗鱼胚胎发育过程中 *dmrt1b* 基因的表达模式分析

通过采用实时荧光定量 PCR 技术对泰国斗鱼 *dmrt1b* 基因在胚胎发育不同时期的相对表达量进行分析，由其结果可知 *dmrt1b* 基因的 mRNA 表达含量在胚胎的不同发育时期呈现出比较明显的差异。在胚胎形成期，mRNA表达量最高，说明 *dmrt1b* 基因支持着细胞的分化，然后从形成期开始直到原肠胚期都呈现逐渐递减状态，*dmrt1b* 基因在低囊胚期和原肠胚期的表达量是基本相等的，但在眼囊期其表达量突然增加，暗示着 *dmrt1b* 基因可能对神经发育起着重要的调节作用，但其调节机制尚不清楚，而其后的尾芽期、心跳期和孵化期这三个发育时期mRNA的表达含量会降低并且维持在一个很低的表达水平，说明该基因对泰国斗鱼在生长发育方面的作用可能很微弱。

综上所述，尽管鱼类的性别决定的模式最为多样化，而且因为进化上的原始性，某些外部环境因子影响其性别及其分化，甚至在性别分化完成后发生性逆转，但其遗传基因仍然是性别决定的基础。*dmrt1b* 基因作为性别决定基因家族的一员，其对于泰国斗鱼的性别分化、精子发生及精巢发育起着重要作用，其可能对神经发育也起着一定的调节作用。

参考文献

[1] 曹谨玲，陈剑杰，吴婷婷. 奥利亚罗非鱼 *dmrt1* 基因推导蛋白的结构和功能预测[J]. 上海海洋大学学报，2009，18(4)：403-408.

[2] 程子华. *dmrt* 基因的功能和特点[J]. 安徽农业科学，2006，34(5)：853-856.

[3] 邓思平，李广丽等. 胡子鲇 *dmrt1* 基因全长cDNA克隆及其表达分析[J]. 水生生物学报，2012，10(4)：1000-3207.

[4] 葛永斌，曹承和，聂刘旺. 饰纹姬蛙7个 *dmrt* 基因DM结构域的克隆及序列分析[J]. 生命科学研究，2008，12(2)：110-114.

[5] 南平，杜启艳，燕帅国，等. 温度对泥鳅和大鳞副泥鳅性腺分化的影响和 *CYP19a* 基因的克隆与时空表达[J]. 中国水产科学，2005，12(5)：407-413.

[6] 汪海，王婷茹，袁静，等. 脊椎动物 *dmrt* 基因的研究进展[J]. 贵州农业科学，2012，40(5)：148-152.

[7] 张月圆，王昌留. *dmrt* 基因家族研究进展[J]. 中国细胞生物学学报，2013，35(11)：1660-1665.

[8] Kettilewell J R, Raymond C S, Zarkower D, Temperature dependent expression of turtle *dmrt1* prior to sexual differentiation[J]. Genesis, 2000, 26: 174-178.

[9] Kobayashi T, Kajiura-Kobayashi H, Guan G. Sexual dimorphic expression of *dmrt1* and *sox9a* during gonadal differentiation and hormoneinduced sex reversal in the teleostfish Nile tilapia (Oreochromis niloticus) [J]. Developmental Dynamics, 2008, 237(1): 297-306.

[10] Matson C K, Zarkower D. Sex and the singular DM domain: insights into sexual regulation, evolution and plasticity [J]. Nature Reviews Genetics, 2012, 13(3): 163-174.

[11] Matsuda M. Sex determination in the teleost medaka, Oryzias latipes [J]. Annual Review of Genetics, 2005, 39: 293-307.

[12] Matsuda M, Shinomiya A, Kinoshita M, et al. DMY gene induces male development in genetically female (XX) medaka fish [J]. Proceedings of the National Academy of Sciences, 2007, 104(10): 3865-3870.

[13] Shibata K, Takase M, Nakamura M. The *dmrt1* expression in sex-reversed gonads of amphibians[J]. Gen Comp Endocrinol, 2002, 127: 232-241.

第5章　泰国斗鱼雄激素受体 *arb* 基因的克隆及表达分析

雄激素通过与雄激素受体结合来发挥生殖调控作用。研究表明，雄激素受体属于核受体超家族，同时具有三个典型的功能结构域——转录激活域(TAD)、DNA结合域(DBD)和配体结合域(LBD)。TAD的序列在不同物种间的同源性较低，而DBD具有较高的保守性。LBD包含了一段保守的配体结合位点，主要与睾酮(testosterone，T)、11-酮基睾酮(11-ketotestosterone，11-KT)、甲基二氢睾酮(methyldihudrotestosterone，MDHT)、17α-甲基睾酮(17α-methyltestosterone，17α-MT)和其他雄激素效应的药物相结合。雄激素受体作为配体激活转录因子，主要通过结合雄激素受体应答元件来增强或抑制目的基因的转录来调节下游基因的表达。

迄今为止，科学家们已经在很多鱼类中发现并鉴定出了雄激素受体(androgen receptor，AR)基因。在大多数鱼类中，主要有两种雄激素受体亚型(ARα和ARβ)，比如虹鳟(*Oncorhynchus mykiss*)、云纹石斑鱼(*Paralabrax clathratus*)、鳗鲡(*Anguilla japonica*)、尼罗罗非鱼(*Oreochromis niloticus*)、大西洋绒须石首鱼(*Micropogonias undulatus*)和食蚊鱼(*Gambusia affinis*)等。而在一些鱼类中仅存在着一种亚型，如金鱼(*Carassius auratus*)、黑头呆鱼(*Pimephales promelas*)、鲈鱼(*Dicentrarchus labrax*)、斑马鱼(*Danio rerio*)、倒刺鲃(*Spinibarbus denticulatus*)和点带石斑鱼(*Epinephelus coioides*)等。这表明了在鱼类中存在着基因组复制差异。有些鱼类在进化过程中，*ar* 重复基因可能发生了丢失。

雄激素是一种重要的性类固醇激素，参与了雌雄个体的生殖生理调控。在倒刺鲃的研究中，*ar* 在精巢发育的早期表达量较高，而在后期的表达显著降低，表明了 *ar* 基因在早期精巢发育中具有重要生理调节功能。另外，在卵巢发育过程中，也检测到了 *ar* 基因的转录信号，提示雄激素受体介导的雄激素信号在卵巢发育的过程中同样具有潜在的调节功能。在斑马鱼和点带石斑鱼的精巢发育过程中，*ar* 基因的表达量随着发育的进程而逐渐升高，并且在精巢发育后期达到了峰值。雄激素受体是雄激素信号通路中的介导因子和信号介导的执行者，但其本身的表达也被证实受到性类固醇激素的影响。很多研究表明，在硬骨鱼中，外源雄激素，如睾酮、甲基睾酮、甲基二氢睾酮和11-酮基睾酮能够促进雄激素受体的表达，并且在性反转的过程中扮演了重要的角色。然而,在大西洋绒须石首鱼和黑鲷的研究中发现,雌激素也能刺激 *ar* 基因的表达上升。因此,性类固醇激素对 *ar* 基因的表达是促进还是抑制尚未有确切的定论,相关的调控机理也还不清楚,均有待于深入研究。

泰国斗鱼两性的生长速度具有明显差异性,特别是雄性泰国斗鱼以其体色艳丽和凶残好斗而著名,极具观赏价值和经济价值,因此,泰国斗鱼全雄性养殖具有重要的生产应用价值,但是泰国斗鱼性逆转相关的研究尚未见报道。目前,通过外源性类固醇激素诱导性逆转被认为是比较有效的方法之一,并已广泛应用于多种鱼类的性逆转研究。雄激素受体作为介导雄激素效应的载体,已经被证实参与了性逆转的调控。因此,探讨泰国斗鱼性逆转的分子调控机制,雄激素信号通路是重要的部分之一。在本书中,开展了泰国斗鱼雄激素受体 *arb* 基因的 cDNA 序列全长克隆、序列和组织分布分析。

5.1 材料与方法

5.1.1 实验鱼和组织样本

实验鱼来自于广东海洋大学水产学院生理实验室,实验鱼饲养在室内独立鱼缸中,饲养温度为 24.5～29.2 ℃。取样前,先进行体长、体重等指标的测量,然后用 MS222 麻醉剂深度麻醉,处死取样。将脑、垂体、肝、性腺、肾、心脏、肠、脾、鳃和肌肉等组织迅速取出,并转移至液氮中速冻,随后在－80 ℃冰箱中保存。同时,从每条鱼的性腺中取出一小块组织,固定在波恩试剂中,进行常规组织学切片分析,以确认性别与性腺的发育时期。所有动物实验按照广东海洋大学动物研究伦理规范实施。

5.1.2 泰国斗鱼雄激素受体 *arb* 基因 cDNA 序列的克隆与分析

利用 Trizol 试剂(Life Technologies,USA)从成年泰国斗鱼精巢组织中提取总 RNA,并使用紫外分光光度计(Nanodrop 2000c,Thermo Scientific,Wilmington,USA)测定总 RNA 的浓度和通过 OD_{260}/OD_{280}(1.8～2.0)和 0.8%琼脂糖凝胶(28S 和 18S 核糖体 RNA 条带清晰,无污迹)来评估总 RNA 的完整性。使用 Smart-RACE cDNA 扩增试剂盒(Takara,Japan)来合成第一链 cDNA。利用简并引物进行克隆并获得的泰国斗鱼雄激素受体 *arb* 的中间保守片段,并根据

Smart-RACE 试剂盒的操作步骤，进行泰国斗鱼雄激素受体 *arb* 的 cDNA 全长克隆。本文中使用的所有引物均在表 5-1 中列出。聚合酶链反应(PCR)程序如下：94 ℃ 2 min，94 ℃ 30 s，55～58 ℃ 1 min，72 ℃延伸 1 min，40 个循环后，72 ℃延伸 10 min。PCR 扩增产物经过 1.5%的琼脂糖凝胶电泳分析，然后将目的片段进行胶回收并克隆至 pTZ7R/T 克隆载体(Tiangen，China)(天根科技，中国)中。通过转化、挑菌和阳性克隆验证后，送华大基因公司进行测序与分析。

表 5-1 引物序列

基因	目的	引物	方向
ar	Partail cDNA PCR	AR-F1	GAGCACATGGATCCGGACAC
		AR-R1	TCCTYCTACTTRTGRAACAAGAT
	5′ RACE PCR	AR-5R1(first)	GCTYTGCASAGCTCYCTGGCTGT
		AR-5R2(nest)	GCTGTYTCTGAGATTGTGGCGCA
	3′ RACE PCR	AF-3F1(first)	GAACATCGGATGCACATATCCAC
		AF-3F2(nest)	GATGAGACATCTTTCACAGGAG
	Quantitative RT-PCR and tissue distribution PCR	Q-F	ATGAGCCAAACTAGCCGACAGC
		Q-R	TCATGAAACAAAATGGGTTTA
β-actin	Quantitative RT-PCR and tissue distribution PCR	F	GAGAGGTTCCGTTGCCCAGAG
		R	CAGACAGCACAGTGTTGGCGT

Mixed bases：Y：C/T；R：A/G；M：A/C；S：G/C；H：A/C/T；K：G/T.

5.1.3 泰国斗鱼雄激素受体 *arb* 的组织分布

分别从泰国斗鱼雌雄成鱼(体重约 250 g)的脑、垂体、肝、性腺、肾、心脏、肠、脾、鳃和肌肉组织中提取总 RNA。各取 1 μg 总 RNA，并用 DNase Ⅰ处理去除基因组 DNA，然后根据第一链 cDNA 合成试剂盒(TOYOBO，Japan)的操作说明合成 cDNA。泰国斗鱼雄激素受体 *arb* 的组织分布和实时荧光定量 PCR 分析所使用的引物列于表 5-1 中，同时进行阴性对照以验证基因组 DNA 的去除情况。组织分布分析的 PCR 运行程序为 95 ℃ 15 s，55 ℃ 15 s，72 ℃ 30 s，共 40 个循环，最后72 ℃延伸 5 min。*β-actin* 被用于内参对照。PCR 产物使用 1.5%琼脂糖凝胶进行电泳检测分析。

5.1.4 实时荧光定量表达分析

按照第一链 cDNA 合成试剂盒的操作说明合成每个性腺样本的 cDNA 模板。同时制备无 RNA 模板的阴性对照。参照 SYBR Green Realtime PCR Master Mix (TOYOBO, Japan)试剂盒说明书进行反应体系构建，利用 Roche Light Cycler 480 real time PCR system 进行基因表达的检测。热循环程序为：95 ℃预变性 1 s；95 ℃变性 5 s，55 ℃退火 10 s，72 ℃延伸 20 s，84 ℃收集荧光 10 s，共 40 个循环；融解曲线为：95 ℃ 1 min，50 ℃ 1 min，95 ℃ 继续。根据融解曲线进行引物特异性分析和数据准确性评估。最后利用目的基因和内参基因的荧光域值(C_t)，结合 $2^{\Delta C_t}$ 的方法进行相对定量的数据分析。

5.1.5 数据统计分析

使用 Clustal X(v.1.81)生物学软件进行多重氨基酸序列比对。利用 Mega 4.0 的邻位相连算法(neighbor-joining method)构建泰国斗鱼和其他脊椎动物雄激素受体的系统进化树。本书的数据显示为平均值±平均标准差。统计差异采用 SPSS 13.0 进行分析，$P<0.05$ 表示具有显著性差异。

5.2 结果与分析

5.2.1 泰国斗鱼雄激素受体 *arb* 的克隆和序列分析

从泰国斗鱼精巢中克隆鉴定出来的雄激素受体 *arb* 基因的 cDNA 序列全长为 2 517 bp，其中开放阅读框为 2 226 bp，编码 742 个氨基酸残基，和其他物种的 *ar* 序列长度相类似(图 5-1)。泰国斗鱼雄激素受体 *arb* 氨基酸序列同样包含 ZnF_C 和 HOLI 两种典型的功能域。

```
1       ttgaactcgcccgtggtaaatacttcacgccccgtttctgtgtcagtgggggaaaggacg
61      atgctgacggcgcggctacctacggcgagctctgtcccgaacccacttctaatcaaaccg
121     aacttgaacgcctccgacactgcgaagacctccgcttaggaggagttagtcctgcggctc
181     ccccgggaccttcaccgacgcgtttttcgcagcgcgagcgccaaccgggacctgtggag
241     actccgtcgcgcaaagttgggttctccggccaagtaaacactttctgggaaATGAGCCAA
1                                                          M  S  Q
301     AGAAGCCGACAGTTACCTTGTAGCACTGTTTGGCCAGGGGGGGACGACGCGACGGCAGAC
4        R  S  R  Q  L  P  C  S  T  V  W  P  G  G  D  D  A  T  A  D
361     GGCGTCGCGAGCGCTCCCGGCATGACGCTAAAAAGTGAGGAGAGTCAGCTCTGCTTCAGC
24       G  V  A  S  A  P  G  M  T  L  K  S  E  E  S  Q  L  C  F  S
421     AAAAACTGCGGACGCGTCGTTCCGCAACCCTGCGCTATGGAAAAGCGCCGCTGTCAGGCG
44       K  N  C  G  R  V  V  P  Q  P  C  A  M  E  K  R  R  C  Q  A
481     GCCGCTGGTCCTCACGAGGAGTTGTTGAACGCCGGCTGCCGTGTGGGCGAGAGCCCCTCT
64       A  A  G  P  H  E  E  L  L  N  A  G  C  R  V  G  E  S  P  S
541     TTTTCTACCTGCGCCACAATCTCAGAAACAGCCAGGGAGCTGTGCAAAGCCGTGTCCGTG
84       F  S  T  C  A  T  I  S  E  T  A  R  E  L  C  K  A  V  S  V
601     TCGCTGGGTCTGACGACGGAGTCCGGCGACTCGGGCGAAATGGACGCCGCGCTGCCGGCG
104      S  L  G  L  T  T  E  S  G  D  S  G  E  M  D  A  A  L  P  A
661     TGCGCCGCCGGCGACCACACGCGAGGGGACTATTTGTTCGCCGTGCCGCCGGGCTGTCCC
124      C  A  A  G  D  H  T  R  G  D  Y  L  F  A  V  P  P  G  C  P
721     GGATCCCAGGCGGCCGTCGGCGACTACAGGTGCCCCGACGCGGACGAGCGGTCCCTGCAC
144      G  S  Q  A  A  V  G  D  Y  R  C  P  D  A  D  E  R  S  L  H
781     GGGCGGCGGCAGTTGGTGGAAGTGTTTAAAAGTTCCGACCACCCCGCGCCTCGGCTGCAC
164      G  R  R  Q  L  V  E  V  F  K  S  S  D  H  P  A  P  R  L  H
841     CTCGCCCCGACTCGGACGTCGGGGGACCCGCCGAACTTCGCGCTGTGCGAGGCTGACGAC
184      L  A  P  T  R  T  S  G  D  P  P  N  F  A  L  C  E  A  D  D
901     GTGCACTCGGACGAGGCGCACCGTCTGGACCCGACGCGCGGAGCCGCCTGCACCTACGTC
204      V  H  S  D  E  A  H  R  L  D  P  T  R  G  A  A  C  T  Y  V
961     CCGTCCGCGCCGGACAACTTGGCGCACTTCGGCCAGACGCCCGCGGAGCGGCCGTGCCGC
224      P  S  A  P  D  N  L  A  H  F  G  Q  T  P  A  E  R  P  C  R
1021    CTCTACAGAGCCCCCGACGAGGCGAGGGACTTCGGCGAAGTCCTGGAGAGCAAGTTCGGC
244      L  Y  R  A  P  D  E  A  R  D  F  G  E  V  L  E  S  K  F  G
1081    CGCTACGAGGAGCCCCAGTGCGGCGTCCGGTTGAAGCGCGAGGACGGCGACGCCGACGCG
264      R  Y  E  E  P  Q  C  G  V  R  L  K  R  E  D  G  D  A  D  A
1141    GCGATGTGGGGCGGCACGTACACCTTTAACGAGAAGTACAACACGCAGTTCTGGGGCTCG
284      A  M  W  G  G  T  Y  T  F  N  E  K  Y  N  T  Q  F  W  G  S
1201    AGGCAGTGCGCGAGCGCCGGCGGCGCGGGGACCAGCGCCGCGTTCATATGTAGCCCGTAC
304      R  Q  C  A  S  A  G  G  A  G  T  S  A  A  F  I  C  S  P  Y
1261    GAGAGGAGCGCGAGGCGTCCGGAGCAGTGGTACCCGGGCGGGATGCTGAGGCCGCCCTAC
324      E  R  S  A  R  R  P  E  Q  W  Y  P  G  G  M  L  R  P  P  Y
1321    GGCTCCTCATACATGAAGGCTGAGGTCGGCGAGTGGGTGGACGTCACCTTTAATGACAGC
344      G  S  S  Y  M  K  A  E  V  G  E  W  V  D  V  T  F  N  D  S
1381    AGGTTCGACACAGGCAGGGAGCACATGTTTCCCATGGAGTTCTTCTTTCCACCGCAGAGG
364      R  F  D  T  G  R  E  H  M  F  P  M  E  F  F  F  P  P  Q  R
1441    ACGTGCCTGATTTGTTCAGATGAAGCGTCTGGCTGCCATTACGGCGCACTGACCTGCGGT
384      T  C  L  I  C  S  D  E  A  S  G  C  H  Y  G  A  L  T  C  G
1501    AGCTGCAAGGTTTTCTTCAAGCGGGCGGCAGAAGGCAAACAGAAGTACTTGTGTGCAAGC
404      S  C  K  V  F  F  K  R  A  A  E  G  K  Q  K  Y  L  C  A  S
1561    AAAAACGACTGCACTATTGATAAACTGAGAAGAAAAAACTGCCCCTCGTGTCGGCTAAAG
424      K  N  D  C  T  I  D  K  L  R  R  K  N  C  P  S  C  R  L  K
1621    AAGTGTTTTGAAGCTGGAATGACGCTCGGAGCTCGTAAACTAAAAAAGATCGGACAACAG
444      K  C  F  E  A  G  M  T  L  G  A  R  K  L  K  K  I  G  Q  Q
1681    AAAACCCTTGAAGAGGATCACCATGTTCAGGACCCAGCAGAGGCCGTCCAGAACATTTCT
464      K  T  L  E  E  D  H  H  V  Q  D  P  A  E  A  V  Q  N  I  S
1741    CCTAAATCAGTCCTGAATTTCAACTCCCAGCTGGTCTTCCTCAACATCCTGCAGTCCATC
484      P  K  S  V  L  N  F  N  S  Q  L  V  F  L  N  I  L  Q  S  I
1801    GAGCCCGAGGTGGTGAACGCGGGACACGACTACGGCCAGCCGGACTCAGCTGCCACCCTG
504      E  P  E  V  V  N  A  G  H  D  Y  G  Q  P  D  S  A  A  T  L
1861    CTCACCAGCCTGAACGAACTGGGGGAGAGGCAGCTGGTCAAAGTGGTGAAATGGGCCAAA
524      L  T  S  L  N  E  L  G  E  R  Q  L  V  K  V  V  K  W  A  K
1921    GGGCTGCCAGGTTTCAGAAATCTGCACGTGGACGACCAGATGACTGTCATTCAGCACTCG
544      G  L  P  G  F  R  N  L  H  V  D  D  Q  M  T  V  I  Q  H  S
1981    TGGATGGGCGTCATGGTGTTCGCCCTGGGATGGAGGTCCTATAAGAACGTCAACGGCAGG
564      W  M  G  V  M  V  F  A  L  G  W  R  S  Y  K  N  V  N  G  R
2041    ATGCTGTACTTCGCTCCGGATCTGGTGTTCAACGAACATCGGATGCACATCTCCACCATG
```

图 5-1　泰国斗鱼 *arb* 基因的 cDNA 序列及推测的氨基酸序列

ATG 为起始密码子，TAG 为终止密码子(下同)；阴影表示 ZnF_C 结构域，波浪线表示 HOLI 功能域。

5.2.2 泰国斗鱼 *arb* 基因的系统进化树分析

系统进化树分析表明，雄激素受体在硬骨鱼中可以分成两个明显的类型（ARα 和 ARβ）。从泰国斗鱼中克隆到的雄激素受体 *arb* 与 ARβ 聚类为一簇，与牙鲆亲缘关系较近（图 5-2）。

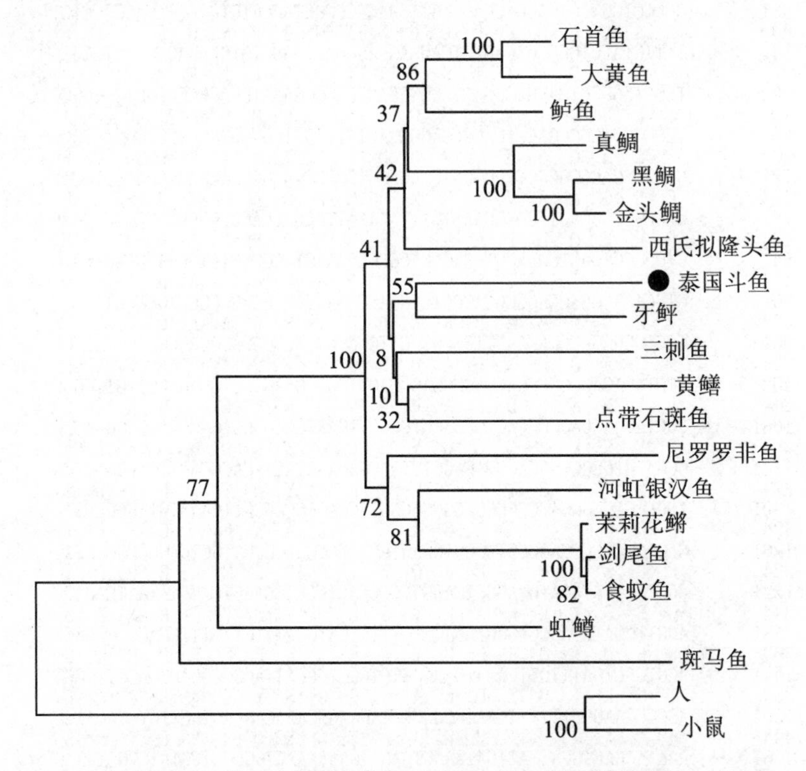

图 5-2 泰国斗鱼和其他物种的 *arb* 基因的系统进化树

各物种 *arb* 基因的序列均来自 GenBank 数据库，登录号分别为：石首鱼（*Micropogonias undulatus*）：AAU09477.1；大黄鱼（*Larimichthys crocea*）：NP_001290296.1；鲈鱼（*Dicentrarchus labrax*）：AAT76433.1；真鲷（*Pagrus major*）：BAA33451.1；黑鲷（*Acanthopagrus schlegelii*）：AAO61694.1；金头鲷（*Sparus aurata*）：AEO13404.1；西氏拟隆头鱼（*Pseudolabrus sieboldi*）：ADI24924.1；牙鲆（*Paralichthys olivaceusβ*）：AGV29986.1；三刺鱼（*Gasterosteus aculeatusβ*）：NP_001254568.1；黄鳝（*Monopterus albus*）：ACP18860.2；点带石斑鱼（*Epinephelus coioides*）：ADQ43815.1；尼罗罗非鱼（*Oreochromis niloticus*）：NP_001266544.1；河虹银汉鱼（*Melanotaenia fluviatilisβ*）：AIZ00467.1；茉莉花鳉（*Poecilia latipinna*）：AKJ74871.1；剑尾鱼（*Xiphophorus helleriiβ*）：ACS50393.1；食蚊鱼（*Gambusia affinis*）：BAD52084.1；虹鳟（*Oncorhynchus mykissβ*）：NP_001117657.1；斑马鱼（*Danio rerio*）：NP_001076592.1；人（*Homo sapiens*）：AH002607.2；小鼠（*Mus musculus*）：CAA42160.1。

5.2.3 泰国斗鱼雄激素受体 *arb* 基因的组织表达

我们还同时检测了泰国斗鱼雄激素受体 *arb* 基因在雌雄成鱼中的组织分布（图5-3）。结果显示，在泰国斗鱼雄雌个体的脑、垂体、肝脏、脾脏、心脏中均检测到雄激素受体 *arb* 基因的表达信号；在雄鱼中，精巢的表达量最高，脾脏和心脏中检测到中度的表达水平；在雌鱼的脾脏、心脏和肠中的表达水平较高，而在肝脏和肾脏中的表达量较低。

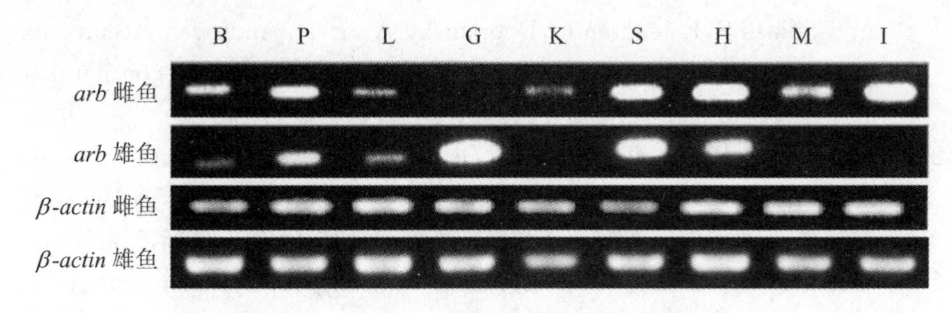

图5-3 泰国斗鱼 *arb* 基因在不同组织中的表达情况

B为脑，P为垂体，L为肝脏，G为性腺，K为肾脏，S为脾脏，H为心脏，M为肌，I为肠，*β-actin* 基因为内参对照。

5.3 讨 论

在本书中，根据雄激素受体的序列分析，泰国斗鱼雄激素受体 *arb* 和其他物种雄激素受体类似，同样具有经典的结构特征。泰国斗鱼雄激素受体 *arb* 的 HOLI 功能域与其他物种的雄激素受体 HOLI 功能域一样，同源性比较高且长度一样，这可能与泰国斗鱼雄激素受体特定的生理功能相关。泰国斗鱼雄激素受体 *arb* 的 DNA 结合结构功能域同样含有保守的修饰位点和元件，如锌指位点等，并显示出高度的序列同源性，是雄激素受体对下游因子精准调控的必要组成。另外，泰国斗鱼雄激素受体 *arb* 的 ZnF_C 功能域同样具有较高的同源性，其中保守的亮氨酸残基在配体特异结合中具有关键性作用。

RT-PCR 分析表明泰国斗鱼雄激素受体 *arb* 在雌雄个体的组织分布中具有明显的表达特异性，与其他物种的组织分布结果相类似，从而预示着泰国斗鱼雄激素受体 *arb* 在不同组织中同样发挥着不同的生理功能。根据先前的研究报道，在黑头呆鱼、大西洋绒须石首鱼和云纹石斑鱼中发现抗雄激素药物阻断雄激素信号通路之后会导致芳香化基因表达的急剧下降，从而影响正常的内分泌调控。因此，在卵巢中保持适当的雄激素受体的水平对卵巢的正常发育具有重要的作用。在泰国斗鱼中，泰国斗鱼雄激素受体 *arb* 在精巢中具有高水平的表达，表明雄激素受体对泰国斗鱼精巢发育同样具有潜在的生理功能。

雄激素信号系统已被证明在精巢发育过程中发挥着关键性作用。在本书中，利用实时荧光定量的方法检测了泰国斗鱼雄激素受体 *arb* 基因在精巢发育过程中的表达模式，与在斑马鱼、点带石斑鱼和隆头鱼中的研究结果相类似。

参考文献

[1] Apostolinas S, Rajendren G, Dobrjansky A , et al. Androgen receptor immunoreactivity in specific neural regions in normal and hypogonadal male mice: effect of androgens[J]. Brain Res, 1999, 817: 19-24.

[2] Blázquez M, Piferrer F. Sea bass (*Dicentrarchus labrax*) androgen receptor: cDNA cloning, tissue-specific expression, and mRNA levels during early development and sex differentiation[J]. Mol Cell Endocrinol, 2005, 237: 37-48.

[3] Chakraborty A, Sreenivasulu K, Raman R. Involvement of androgen receptor gene in male gonad differentiation in Indian garden lizard, *Calotes versicolor*[J]. Mol Cell Endocrinol, 2009, 303: 100-106.

[4] Drummond A E. The role of steroids in follicular growth [J]. Reprod Biol Endocrinol, 2006, 4: 16.

[5] Gao J, Liu S, Zhang Y, et al. Effects of 17α-methyltestosterone on transcriptome, gonadal histology and sex steroid hormones in rare minnow Gobiocypris rarus [J]. Comp Biochem Physiol, 2015, 15: 20-27.

[6] Hossain M S, Larsson A, Scherbak N, et al. Zebrafish androgen receptor: isolation, molecular, and biochemical characterization [J]. Biol Reprod, 2008, 78: 361-369.

[7] Ikeuchi T, Todo T, Kobayashi T, et al. cDNA cloning of a novel androgen receptor subtype [J]. Biol Chem, 1999, 274: 25205-25209.

[8] Jørgensen A, Andersen O, Bjerregaard, et al. Identification and characterization of an androgen receptor from zebrafish *Danio rerio* [J]. Comp Biochem Physiol A, 2007, 146: 561-568.

[9] Kim S J, Ogasawara K, Park J G, et al. Sequence and expression of androgen receptor and estrogen receptor gene in the sex types of protogynous wrasse, *Halichoeres trimaculatus*[J]. Gen Comp Endocrinol, 2002, 127: 165-173.

[10] Liu X, Su H, Zhu P, et al. Molecular cloning, characterization and expression pattern of androgen receptor in *Spinibarbus denticulatus* [J]. Gen Comp Endocrinol, 2009, 160: 93-101.

[11] Ogino Y, Katoh H and Yamada G. Androgen dependent development of a modified analfin, gonopodium, as a model to understand the mechanism of secondary sexual character expression in vertebrates[J]. FEBS Lett, 2004, 575: 119-126.

[12] Rivero-Wendt C L, Miranda-Vilela A L, Ferreira M F, et al. Cytogenetic toxicity and gonadal effects of 17 α-methyltestosterone in *Astyanax bimaculatus* (Characidae) and *Oreochromis niloticus* (Cichlidae) [J]. Genet Mol Res, 2013, 12: 3862-3870.

[13] Sperry T S, Thomas P. Identification of two nuclear androgen receptors in kelp bass (*Paralabrax clathratus*) and their binding affinities for xenobiotics: comparison with Atlantic croaker (*Micropogonias undulatus*) androgen receptors[J]. Biol Reprod, 1999, 61: 1152-1161.

[14] Thornton J W. Evolution of vertebrate steroid receptors from an ancestral estrogen receptor by ligand exploitation and serial genome expansions[J]. Proc Natl Acad Sci USA, 2001, 98: 5671-5676.

[15] Yeh S L, Kuo C M, Ting Y Y, et al. Androgens stimulate sex change in protogynous grouper, *Epinephelus coioides*: spawning performance in sex-changed males[J]. Comp Biochem Physiol C Toxicol Pharmacol, 2003, 135: 375-382.

第6章　泰国斗鱼 *amh* 基因的克隆及表达分析

抗缪勒氏管激素(anti-Müllerian hormone，AMH)又称缪勒氏管抑制物(Müllerian inhibiting substance，MIS)，是转化生长因子β(TGF-β)超家族成员之一。目前，AMH最受关注的生理功能是其在性腺发育过程中的作用。AMH具有抑制雄性缪勒氏管形成及促进睾丸分化和发育的功能，并被认为是雄性性别分化及精巢发育的关键因子之一。但近年的研究发现，AMH同样表达于哺乳动物的卵巢中，并在雌性发育过程中发挥着重要的调节作用。新的发现改变了人们对AMH作为雄性性别调控因子的认识，引起学界的广泛关注。

鱼类种类繁多，并具有不同的生殖与性腺发育方式，已逐渐成为研究性别调控与分化的理想模型。AMH作为重要的性别调控因子，已在多种鱼类中进行了研究。*amh* 基因cDNA最先在日本鳗鲡(*Anguilla japonica*)中被克隆鉴定出来，此后相继在尼罗罗非鱼(*Oreochromis niloticus*)、半滑舌鳎(*Cynoglossus semilaevis*)、金钱鱼(*Scatophagus argus*)、牙鲆(*Paralichthys olivaceus*)、斑马鱼(*Danio rerio*)、青鳉(*Oryzias latipes*)等展开了研究。研究结果发现，不同鱼类的 *amh* 在组织分布中差异显著。在奥利亚罗非鱼(*Oreochromis aureus*)和黄鳝(*Monopterus albus*)中，*amh* 基因仅在性腺中表达；在红鳍东方鲀(Takifugu rubripes)中，*amh* 基因在肾脏、脾脏和肝脏中的表达量最高，其次为性腺；在金钱鱼中，*amh* 基因主要在性腺中表达，而在其他组织中的表达量较低。虽然 *amh* 基因在不同鱼类具有不同的组织表达模式，但在性腺中高表达是共同特征，表明 *amh* 基因在鱼类性腺发育中具有保守的生理调节功能。

AMH作为雄性因子之一，其在泰国斗鱼性别调控中的功能尚未清楚。本书以泰国斗鱼为研究对象，克隆鉴定 *amh* 基因的cDNA序列全长，分析 *amh* 基因相关序列的结构及组织表达分布，为阐明 *amh* 基因在泰国斗鱼中的生理功能及泰国斗鱼雄性化技术研发奠定理论基础。

6.1 材料与方法

6.1.1 实验材料

1. 实验鱼

实验用泰国斗鱼购于广东省湛江市霞山区花鸟市场，经冰上深度麻醉处理后，迅速取其脑、性腺、垂体、心脏、肌肉、肝、肾、脾、肠等组织，并置于液氮中，转移至−80℃冰箱备用。

2. 实验试剂

总RNA提取使用的Trizol试剂购于Life公司；DNase Ⅰ和The ReverTra Ace-α first-strand cDNA Synthesis Kit试剂盒购于TOYOBO公司；Smart-RACE试剂盒购于Takara公司；Taq酶和载体pTZ7R/T购于MBI Fermentas(热电公司)；质粒提取和胶回收试剂盒购于广州东盛生物科技有限公司，其余化学试剂均为国产分析纯。

6.1.2 实验方法

1. 引物设计

通过泰国斗鱼转录组序列分析，获得其*amh*基因部分序列。根据已获得部分序列设计*amh*基因5′和3′ RACE特异引物(表6-1)。根据5′端、3′端和中间序列的重叠区域进行拼接，再设计全长特异引物进行验证，最终获得*amh*基因cDNA序列全长。

表6-1 泰国斗鱼*amh*基因的克隆与定量分析中所用到的引物

基因	目的	引物	序列
amh	5′ RACE PCR	AMH-5R1(第一轮)	ACCATCACAAACACGGACA
		AMH-5R2(第二轮)	TTCCTTTACCTGTGCGTCA
	3′ RACE PCR	AMH-3F1(第一轮)	GAACCAATACGAGAAACACACAG
		AMH-3F2 (第二轮)	CTGGGTGATCTCCTGCCTCAG
	开放阅读框克隆	F1	CAAGCCAGTGAGAAAGCTCTG
		R1	CAGGCTACAATCAATGACCT

续表

基因	目的	引物	序列
	组织分布分析	Q-F	CCCCACTGAAGGTAACGC
		Q-R	ACCATCACAAACACGGACA
β-actin	组织分布分析	F	GAGAGGTTCCGTTGCCCAGAG
		R	CAGACAGCACAGTGTTGGCG

2. 总 RNA 提取

根据 Trizol 试剂盒说明书的要求操作，利用注射器将保存于－80 ℃冰箱中的组织匀浆，并提取泰国斗鱼各组织的总 RNA，之后用核酸测定仪和1%的琼脂糖凝胶电泳进行总 RNA 的质量检测。

3. cDNA 的合成

分别取 1 μg 各待测组织的总 RNA，按 The ReverTra Ace-α first-strand cDNA Synthesis Kit(TOYOBO，Japan)说明书操作，经 DNase Ⅰ 去除基因组并反转录成 cDNA。

4. 分子克隆

以性腺总 RNA 为模板，根据 Smart-RCAE 试剂盒(Takara，Japan)说明书合成 *amh* 基因 5′端和 3′端的第一链 cDNA，通过拼接获得全长，然后设计开放阅读框全长验证特异引物，最终获得确切的 AMH 的 cDNA 序列全长。

5. 序列分析

用 DNAtools 6.0 软件分析泰国斗鱼 *amh* 基因的开放阅读框(open reading frame，ORF)，并翻译成相应的氨基酸序列。在 NCBI 中进行 blast 比对，分析不同脊椎动物 AMH 蛋白前体序列的同源性。在 SignalIP 3.0 网站上预测基因的信号肽。最后用 clustalx 1.8 和 Mega 4.0 的软件构建出蛋白的系统进化树。

6. 组织分布

取泰国斗鱼各组织的总 RNA 1 μg，根据 DNase Ⅰ 使用方法，先去除基因组 DNA，然后按照 The ReverTra Ace-α first-strand cDNA Synthesis Kit(TOYOBO，Japan)的说明书合成第一链 cDNA 模板。以 *β-actin* 基因为内参，反应体系为 25 μL，循环反应条件为：94 ℃预变性 4 min，94 ℃变性 30 s，58 ℃退火 30 s，72 ℃延伸 1 min，25 个循环，72 ℃延伸 1 min。泰国斗鱼 *amh* 基因的特异引物(表 6-1)反应体系为 25 μL，循环反应条件为：94 ℃预变性 4 min，94 ℃变性 30 s，58 ℃退火 30 s，72 ℃延伸 1 min，40 个循环，72 ℃延伸 1 min，分别取 8 μL 的 PCR 产物，进行 1.5%的琼脂糖凝胶电泳，用 Tanon 2500R 凝胶成像分析系统进行拍照与半定量分析。

6.2　结果与分析

6.2.1　泰国斗鱼 *amh* 基因的 cDNA 全长序列

使用 DNAStar 软件去除掉载体序列后获得泰国斗鱼 *amh* 基因 cDNA 序列全长(GenBank number:KY643878)。泰国斗鱼 *amh* 基因 cDNA 全长为 1 804 bp,包括 5′非翻译区(5′-UTR)57 bp,3′非翻译区(3′-UTR)98 bp,其中开放阅读框(ORF)为 1 596 bp,编码 532 个氨基酸。ProtParam 软件预测泰国斗鱼 AMH 蛋白的分子量为 57.543 kD,理论等电点为 6.50。

6.2.2　泰国斗鱼 AMH 的氨基酸序列比对及同源性分析

泰国斗鱼与已知鱼类的 AMH 进行序列比对分析(图 6-1),结果显示泰国斗鱼 AMH 前体蛋白和其他鱼类 AMH 前体蛋白的结构类似,均具有 TGF-β 结构域和 9 个保守的半胱氨酸残基,并且 AMH 在 C 端保守性相对较高,而在 N 端保守性相对较低。通过同源性比对分析,泰国斗鱼 AMH 与尖吻鲈、金钱鱼、奥利亚罗非鱼、斑马鱼和小鼠的同源性分别为 55%、51%、49%、36%和 20%,显示出较低的序列同源性。

6.2.3　泰国斗鱼 AMH 前体蛋白的系统进化树分析

利用邻位相连算法构建泰国斗鱼及其他脊椎动物 AMH 前体蛋白的系统进化树(图 6-2),结果显示泰国斗鱼与尖吻鲈的亲缘关系最近,其次是鲈鱼、金钱鱼和点带石斑鱼等鲈形目的鱼类,与小鼠和人类等高等脊椎动物的亲缘关系较远。

```
尖吻鲈        1    MMVVDVFYCGALMLCWTRLCVALQVSQGLQPIPAWNHM..MTGDHYTS.STETTDSLEMK
金钱鱼        1    MLVADVFYSGALMLCWTSLCVILQVSHGQQLIPVQDPT..TTGDHHATGSTETRDDLEIK
奥利亚罗非鱼  1    MLGLLVLYSEALTLCWT.............LQPAQDPT..VTEYSLPSAKTPSSPS.SSS
泰国斗鱼      1    ...MNVFHCGALILCWTPLCVALHVSHGHQLIQDPTLT..ETGGALENQNAPRTSSASTG
斑马鱼        1    MLFQTRFGLMLMMTVAIGSYCATMRHEEQDNNPKVNPLSELNGDQLEVRDLACVHRQQPT
小鼠          1    ...MQGPHLSPLVLLLATMGAVLQPEAVENLATNTRGLIFLEDELWPPSSPPEPLCLVTV
                                       :                              .
尖吻鲈        58   NNVP..HRAPCFVDDIFAALREGVGHDG...ELTNHTLTLFGICTVSDNSSGSVLLELAK
金钱鱼        59   NRVP..LCAPCFVDDIFAALREGVGNNG...ELTNHSLALFGVCTAS.GSSGSVLLELTK
奥利亚罗非鱼  45   AAAP..HAAPCFVEDIFAALRDGVGDSG...ELTNSSLVLFGFCSQSARSSASVSLDLAN
泰国斗鱼      56   SSHTPLHPAPCFVDDMLDSLREGLGSDS...QLTNGSLPPFGICASTDPLSRSLLVELAQ
斑马鱼        61   DQHATEDTPFNKEQKTLNEFLSALKSAG...ELG..KMDFVGTCSSETQSSQVSHLVQSV
小鼠          58   RGEGNTSRASLRVVGGLNSYEYAFLEAVQESRWGPQDLATFGVSSTDSQATLPALQRLGA
                         .     :    ..    .      :  .*.:     :
尖吻鲈        113  ET..NQRDGLEVLHPAGVHLAEEDERGRLTLTFDLSQSLLLK.PNPVLLLAFESPLTGGN
金钱鱼        113  ESKRNQRNGLELLNRDGVLSAEEDETGTLKLTFDLPRSPLLG.LNPVLLLGCESPIAGGN
奥利亚罗非鱼  110  KK.....SSLEVLHPAAVHVSEEEEQGTITLTFDLPRPPSLM.TNPVLLLVFESPLARGD
泰国斗鱼      113  ET..SGSNRLKFAHPTEVLATEEGESGVIRLTFEPPRPPLPE.LQPVLLLAFESPVKAGT
斑马鱼        116  LQ...KQSGLKGVHATEDIWDADNEGG.ITLTLTFPKHSLPAGPASVMLLFSVNPVKGDS
小鼠          118  WLGETGEQQLLVLHLAEVIWEP.....ELLLKFQEPPPGGASRWEQALLVLYSGPGP...
                        .  *   :            :  *.:  .             .:*:    .*
尖吻鲈        170  LDVTFTGQLLQPHTQSVCVSGETQYLMLTGKASEGDILQKWRLSIYTKSPD.....MKQS
金钱鱼        172  LDITFTSESLQPNTQSACISGETKYMMLMGKSSEGNVHQKWRISVDTKSPG.....MKQS
奥利亚罗非鱼  164  LEVAFTSQFLQPNTQAVCISGDTQYVLLTGKSSEGSVNDRWQITAQTKLPH.....MKQN
泰国斗鱼      170  LDVTFTSQWLQPDAQSVCFSEETQYILLPGNASQINIQQKWTLSAETRSHH.....MKQS
斑马鱼        172  LRVQFNSQSIHPNTQTVCISEFTRFLIVTGGWSHGHIHLKLKTMVETSMDDNRPKLSVSE
小鼠          170  .QVTVTGTGLR.GTQNLCPTRDTRYLVLTVDFPAG.AWSGFGLILTLQPSREGATLSIDQ
                     : ...   ::   :*  * :  *:::::       .                    ..
尖吻鲈        225  LKDMLTGGKSGSNISMTPLLLFSW........ERGT.DTRYTHVSGW....SLASSQTSS
金钱鱼        227  LKDTLIREKSGSSISTTPLLLFSG........ERGT.DTSYTHVTGS....SPASSQTSS
奥利亚罗非鱼  219  LKSILIGEKSGSNISTSPLLLFSG........GTGT.DTR..CASGS....PPASLQTS.
泰国斗鱼      225  LKDILIGGNSDSNPSMASLLLYLG........ERGT.NTRNTQVSDS....SPASSQTFS
斑马鱼        232  LKEVLMRKVDSSSTMIKPVLLFLS........DLDEPHLKQHRIPQD....ERLPSRTYL
小鼠          227  LQAFLFGSDSRCFTRMTPTLVVLPPAEPSPQPAHGQLDTMPFPQPGLSLEPEALPHSADP
                   *:  *    .  .    . *:             .   .      .        .   :
尖吻鲈        272  FLCELKRFLGDVLPQAHPESP.....KLQLTTLQSLPPLTLGSSSSETLLAGLMNSSALT
金钱鱼        274  FLCELKRFLGDVMPQDQTESP.....PLQLTSLQSLPPLTLGISSSESLLAGLINSSALT
奥利亚罗非鱼  263  FLCEMKRFLGAVLPQEHFASP.....PLPLDSLQSLPPLSLGLSSSETLLAVMINSTAPT
泰国斗鱼      272  FLCELKRLLGDLLPQSQPASP.....ALQLETIHSQPPVKISTSSNETLLAGLISSTALT
斑马鱼        280  FLCELQKFLRDILPQSKSTTPQDDPSAVSLDTLHSLPPLRLGVSSTESLLSGLVNSSTPT
小鼠          287  FLETLTRLVRALRGPLTQASN..TQLALDPGALASFPQGLVNLSDP.AALGRLLDWEEPL
                   **  : :::  :          :        :     :: * *   :. *.  : *. ::.
尖吻鲈        327  IFDFTNWGSMF.QVHHGELALSPALLEELRQRLEQTVLHTMEVIREEDVG.HRATERLGR
金钱鱼        329  IFSFASCCSVF.RVHRGELALSPALLEELRQKLEQAVMQIMEVVREEEVG.YRATERLGR
奥利亚罗非鱼  318  VFGFTSWGSVL.PVCHGELALSAALLEELRQRLDQTLVQMTEIIREEEVS.PGAKESLGR
泰国斗鱼      327  VFSYSGWRPAFPQLHHGELSLSAALLEELAQRLQHTVAQIQTLIREEDID.DRAPARLRR
斑马鱼        340  VFVFPQRQQGL.QTHRVEVTLDSPLLSVLRMRLDEAMAQVK....QQEAG.RKMIDRLQK
小鼠          344  LLLLSPTAATEREPIRLHGPASAPWAAGLQRRVAVELQAAASELRDLPGLPPTAPPLLAR
                ::  .        : . . ...     *  ::   :        :              * :
尖吻鲈        385  LKQLSAFP......EKEPAAEQE...........................RAS.........
金钱鱼        387  LIELCVPQ......EGTNNRTGESQYRAFLLLKALQTVARTYEVKRGLRATRADPNNPVR
奥利亚罗非鱼  376  LKELSALQ......EKEHATGGS.QFRAFLLLKALQTVAQTYDAQRKLRATRADPSSSVR
泰国斗鱼      386  LKELSAFP......QQKPVPGER.QYRAFLMVKALQSVARTYELQRALRATRADPSGP..
斑马鱼        394  LTELSALSPDGEDSEAATKDHKEAQYRSVLLLKALQMVLSNWESERAQRAARADEDGPSA
小鼠          404  LLALCPND..........SRSSGDPLRALLLLKALQGLRAEWHGREGRGRTRAQRGDKGQ
                   *  *.                                              :
尖吻鲈        405  .........................TVHFSC............................
金钱鱼        441  GDQCGLRGLTVSL..EKHVIGPNTANINNCHGSCAVPLVNPS....NHAILLNSHIEGEQ
奥利亚罗非鱼  429  GGVCGLKALTVSL..TKLLVGPSSANINNCHGSCAFPLTNGN....NHAILLNSHIE...
泰国斗鱼      437  GGSCGLRNLSVSL..SMHFASPTTANIKNCQGHCTPPSSLTN....NHAHLLYVHIE...
斑马鱼        454  SNQCHLQSLSVSL..RKFFLEPSRANINNCEGTCGFPLNNAN....NHAVLLNSHIQ...
小鼠          454  DGPCALRELSVDLRAERSVLIPETYQANNCQGACRWPQSDRNPRYGNHVVLLLKMQAR..
                                             . .  *
尖吻鲈             .........................................
金钱鱼        495  AASGNVDQRAPCCVPVAYEDLDLVLLNAQETGTELRRLQYVVARECGCR
奥利亚罗非鱼  480  ..SGNADERSPCCVPVAYEALEVVDWNADGTFISIK..PDAVARECGCR
泰国斗鱼      487  ..NGGVGERALCCVPVAYDELQVVEIS.DGAYMHIK..KDMVAKECGCR
斑马鱼        505  ..SGQPVNRSLCCVPVEYDDLCVIELESETTNISYK..TNVVATKCECR
小鼠          502  ...GAALGRLPCCVPTAYAGKLLISLSEERISADHVP..NMVATECGCR
```

图 6-1 不同脊椎动物 AMH 前体蛋白的氨基酸序列比对

以上各物种的 AMH 蛋白在 NCBI 数据库中的登录号分别为：尖吻鲈（*Lates calcarifer*）：:CAJ78434.1；金钱鱼（*Scatophagus argus*）：AKO69720.1；奥利亚罗非鱼（*Oreochromis aureus*）：ABW98500.1；斑马鱼（*Danio rerio*）：AAX81416.1；小鼠（*Mus musculus*）：CAC10450.1。下划线部分为 TGF-β 结构域；方框内为 AMH-N 区域；阴影部分为 9 个保守的半胱氨酸残基。

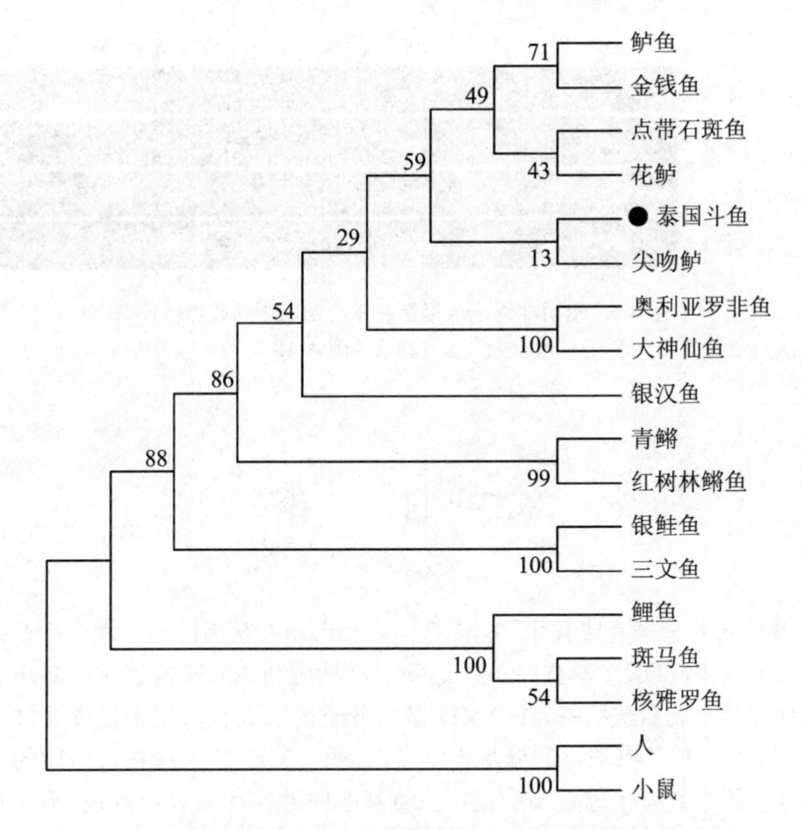

图 6-2　泰国斗鱼和其他物种的 AMH 前体蛋白的系统进化树

本进化树采用 Mega 4.0 软件(邻位相连算法)构建,系统树中结点处数值代表 10 000 次评估的自举检验置信度。各物种的 AMH 蛋白在 NCBI 数据库中登陆号分别为:*Dicentrarchus labrax*(鲈鱼):CAJ78434.1;*Scatophagus argus*(金钱鱼):AKO69720.1;*Epinephelus coioides*(点带石斑鱼):AJW76790.1;*Lateolabrax japonicus*(花鲈):AEZ68609;*Lates calcarifer*(尖吻鲈):AKI32582.1;*Oreochromis aureus*(奥利亚罗非鱼):ABW98500.1;*Pterophyllum scalare*(大神仙鱼):AHF50229.1;*Odontesthes bonariensis*(银汉鱼):AHG98063.1;*Oryzias latipes*(青鳉):NP_001098198.1;*Kryptolebias marmoratus*(红树林鳉鱼):NP_001316292.1;*Oncorhynchus kisutch*(银鲑鱼):ADV40928.1;*Salmo salar*(三文鱼):ADJ38820.1;*Cyprinus carpio*(鲤鱼):AMR98930.1;*Danio rerio*(斑马鱼):AAX81416.1;*Squalius pyrenaicus*(核雅罗鱼):ABX55992.1;*Homo sapiens*(人):EAW69397.1;*Musmusculus*(小鼠):CAC10450.1。

6.2.4　泰国斗鱼 *amh* 基因的组织表达

利用 RT-PCR 半定量方法检测 *amh* 基因在泰国斗鱼雄、雌个体中的表达情况(图 6-3)。在雄鱼中,*amh* 基因在精巢中的表达量最高,其次为脑、脾和肌肉,而在垂体、肝、肾、心和肠中没有检测到 *amh* 的表达。在雌鱼中,*amh* 基因在卵巢中的表达量最高,其次是脾、心脏和肌肉,而在脑、垂体、肝和肾中没有检测到 *amh* 的表达。

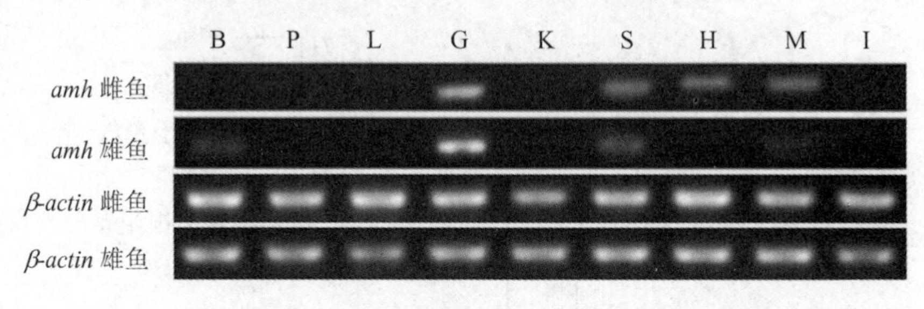

图 6-3 泰国斗鱼 *amh* 基因在不同组织中的表达情况

B 为脑，P 为垂体，L 为肝脏，G 为性腺，K 为肾脏，S 为脾脏，H 为心脏，M 为肌肉，I 为肠，*β-actin* 基因为内参对照。

6.3 讨论

采用 RACE 分子克隆技术，鉴定了泰国斗鱼 *amh* 基因的 cDNA 序列全长。泰国斗鱼 *amh* 基因 cDNA 具有保守的 TGF-β 结构域和 AMH-N 区域。TGF-β 结构域包含保守的半胱氨酸残基，在 AMH 蛋白分子的二聚化过程中发挥关键性的作用。AMH-N 区域具有典型的糖基化位点，表明 AMH-N 区域在蛋白质的空间结构及功能发挥中具有十分重要的作用。氨基酸同源性比对分析发现，不同脊椎动物中的 AMH 序列同源性相对较低，与同目鱼类最高只达到 56%的同源性。利用邻位相连算法（neighbor-joining method）进一步分析泰国斗鱼与其他脊椎动物 AMH 蛋白分子的系统进化关系，结果显示泰国斗鱼与尖吻鲈的亲缘关系最近，其次是鲈鱼、金钱鱼和点带石斑鱼等同为鲈形目的鱼类，体现出脊椎动物 AMH 分子较低的保守性，与其他鱼类的研究结果相似。

根据 *amh* 基因在泰国斗鱼雌雄个体中的组织分布结果，可见泰国斗鱼 *amh* 基因具有明显的组织表达特异性及雌雄个体表达差异，暗示 *amh* 在不同组织中具有多种生理功能。*amh* 基因在泰国斗鱼中的表达与其他鱼类具有共性也有差异。共性是在性腺中均检测到 *amh* 基因的表达，精巢的表达量比卵巢高，与金钱鱼和半滑舌鳎等鱼类的研究结果相似，表明 *amh* 在性腺发育中具有重要及保守的生理功能。差异是除性腺以外的其他外周组织中的表达情况。对于奥利亚罗非鱼和黄鳝，*amh* 在只在性腺中特异性表达；对于红鳍东方鲀，*amh* 基因在肾脏、脾脏和肝脏中均有较高的表达量，其次为性腺组织。*amh* 在外周组织中的差异性表达，同样表明了 *amh* 在非性腺组织中生理功能的多样性，但由于半定量 RT-PCR 检测方法的灵敏度等局限性，尚未获得 *amh* 在各组织中的精准表达情况，因此后续有待更加深入地研究。

参考文献

[1] 高长富,郝薇薇,仇雪梅,等.红鳍东方鲀抗缪勒氏管激素(*amh*)基因在不同发育时期的组织表达[J].大连海洋大学学报,2016,31(4):390-396.

[2] 刘姗姗,孙冰,梁卓,等.半滑舌蹋抗缪勒氏管激素(*amh*)基因的克隆及组织表达分析[J].中国水产科学,2013,20(1):35 -43.

[3] 唐永凯,李建林,俞菊华.奥利亚罗非鱼 *amh* 基因结构及其表达[J].水产学报,2009,33(3):379-388.

[4] 吴昊伟,王倩,荣萍,等.黄鳝性腺发育过程中 *amh* 和 *sox9* 基因的表达分析[J].合肥工业大学学报,2016,39(2):275-279.

[5] Barbara P D S, Bonneaud N, Boizet B, et al. Direct Interaction of SRY-Related Protein *sox9* and Steroidogenic Factor 1 Regulates Transcription of the Human anti-Müllerian Hormone Gene[J]. Molecular and Cellular Biology, 1998, 18(11):6653-65.

[6] Cate R L, Mattaliano R J, Hession C, et al. Isolation of the bovine and human genes for Müllerian inhibiting substance and expression of the human gene in animal cells [J]. Cell, 1986, 45 (5):685-698.

[7] Gruijters M J, Visser J A, Durlinger A L, et al. Anti-Müllerian hormone and its role in ovarian function[J]. Molecular and Cellular Endocrinology, 2004, 211(1/2):85-90.

[8] Hofsten J, Larsson A, Olsson P E. Novel steroidogenic factor-1 homolog (*ffld*) is coexpressed with anti-Müllerian hormone (*amh*) in zebrafish [J]. Developmental Dynamics, 2005, 233:595-604.

[9] Kluver N, Pfennig F, Pala I, et al. Differential expression of anti-Müllerian hormone (*amh*) and anti- Müllerian hormone receptor type II (*amhr* II) in the teleost medaka [J]. Developmental Dynamics, 2007, 236:271-281.

[10] Visser J A, Themmen A P. Anti-Müllerian hormone and folliculogenesis [J]. Molecular and Cellular Endocrinology, 2005, 234(1-2):81-86.

[11] Weenen C, Laven J S, Von Berghar, et al. Anti-Müllerian hormone expression pattern in the human ovary: potential implications for initial and cyclic follicle recruitment [J]. Mol Hum Reprod, 2004, 10(2):77-83.

[12] Yoshinaga N, Shiraishi E, Yamamoto T, et al. Sexually dimorphic expression of a teleost homologue of Müllerian inhibiting substance during gonadal sex differentiation in Japanese flounder, *Paralichthys olivaceus* [J]. Biochemical and Biophysical Research Communications, 2004, 322:508-513.

第7章　泰国斗鱼 *sox9* 基因的克隆及表达分析

sry(sex determining region Y)，即性别决定基因，是 Sinciair 等在 1990 年发现的，是哺乳动物性别调控领域的一项重大突破。Thomas Wagner 等人于 1994 年将人胚胎脑的 cDNA 文库用探针筛选出来，接着运用 RACE 技术分离和克隆了人类 *sox9* 基因。在随后的研究中，科学家们发现在动物体内也存在 *sry* 的同源基因。因此现在研究中，我们把具有 60%以上的相似性 *sry* 基因及 *hmg* 基因统称为 *sox* 基因。

sox(SRY-related high mobility group box)基因家族目前已经被克隆鉴定出 30 多个成员。Sox 家族成员均含有由 79 个氨基酸序列组成的高度保守的 HMG 盒(high mobility group box)结构域，主要是与下游调控基因的 DNA 结合，并具有 Sox 家族成员的最显著性结构特征。其中 *sox9* 是被认为是 Sox 家族中与性别分化最相关的成员之一，并受到广泛的关注与研究。在哺乳类、鸟类和爬行类的性分化时期，*sox9* 基因在雄性生殖嵴的表达量急剧上调。在小鼠中，雌性性腺中 *sox9* 的异常表达导致了睾丸的形成。同样，*sox9* 基因的缺失会造成 XY 性逆转成为雌性，这表明 *sox9* 基因在精巢的发育中起到至关重要的作用，并被认为是雄性性别决定因子。但科学家们在后续的研究中发现，在成年小鼠的卵巢中，*sox9* 在卵泡发育过程中同样扮演着重要的调控角色，这显示出 *sox9* 在雌雄发育调控中的双重生理功能。

鱼类的性腺发育具有多种形式，如雌雄异体、雌雄同体、先雌后雄和先雄后雌等。鱼类多样化的发育模式为研究性别分化机制提供了更加理想的模型。*sox9* 作为公认的性别分化调控因子之一，因此在鱼类中同样受到了广泛的关注。目前人们已经在斑马鱼(*Danio rerio*)、鳝鱼(*Monopterus albus*)、虹鳟(*Oncorhynchus mykiss*)、青鳉(*Oryzias latipes*)、点带石斑鱼(*Epinephelus coioides*)、大西洋鳕鱼(*Gadus morhua*)、金钱鱼(*Scatophagus argus*)和胡子鲶(*Clarias batrachus*)等鱼类中展开了研究，并证实 *sox9* 基因在鱼类性别分化中发挥着重要的作用。但由于鱼类属于低等的脊椎动物，易受外界因子的影响，导致性别的可塑性较高，因此需要在更多的鱼类中进行拓展研究，才能更好地从差异中获得共性结果，阐述 *sox9* 基因在鱼类中的性别调控功能。

目前人们对泰国斗鱼的分子生物学方面的研究较少。本书以泰国斗鱼为研究对象，利用现代分子克隆的技术方法，从泰国斗鱼的精巢中克隆鉴定出 *sox9* 基因的 cDNA 序列全长，并开展了 *sox9* 基因相关序列的结构分析及组织表达分布研究，为深入阐明 *sox9* 基因在泰国斗鱼中的生理功能奠定了基础。

7.1　材料与方法

7.1.1　实验材料

1. 实验鱼

实验用鱼(泰国斗鱼)购于广东省湛江市霞山区花鸟市场。开始实验时，先将泰国斗鱼置于冰上麻醉，等其失去知觉后，再用无 RNA 酶处理过的剪刀、镊子等工具，将其性腺、肌肉、脑、垂体、心脏、肝、肾、脾、肠等组织或器官取出，利用液氮速冻，然后保存于－80 ℃冰箱中备用。

2. 实验试剂

总 RNA 提取 Trizol 试剂购于 Life 公司；DNase Ⅰ和 The ReverTra Ace-α first-strand cDNA Synthesis Kit 试剂盒购于 TOYOBO 公司；Smart-RACE 试剂盒购于 Takara 公司；Taq 酶和载体 pTZ7R/T 购于 MBI Fermentas 公司；质粒提取和胶回收试剂盒购于广州东盛公司；化学试剂均为国产分析纯。

7.1.2　实验方法

1. 引物设计

通过 NCBI 基因库的序列搜索比对，找出与泰国斗鱼 *sox9* 序列同源性最高的鱼类 *sox9* 序列。通过比对分析，根据序列的保守结构，设计出用于泰国斗鱼 *sox9* 基因的克隆与组织表达分析等引物(表 7-1)。

表 7-1　泰国斗鱼 *sox9* 基因的克隆与定量分析中所用到的引物

基因	目的	引物	序列
sox9	中间片段	F	GAGAACACCCGGCCGTCCGAC
		R	CTCAGCTGCTCCGTCTTGATC
	5′ RACE PCR	sox9-5R1(第一轮)	GACCCATGAACGCGTTCATGGT
		sox9-5R2(第二轮)	GCATCGGCACCAGCGTCCAGTC

续表

基因	目的	引物	序列
	3′ RACE PCR	*sox9*-3F1(第一轮)	CAAGCAGCAGCAGCAGCAGCAG
		sox9-3F2 (第二轮)	CTGGGTGGAGCGGCAGAGCAAG
	开放阅读框克隆	F1	CTTTCCTGCGAGACGCCGATC
		R1	TGGACGCCGTGGGTGTTGTACAG
	组织分布分析	Q-F	CAAGAAAGAGGGCGAAGAAGAG
		Q-R	GTGCAGGTGCGGGTACTGAT
β-actin	组织分布分析	F	GAGAGGTTCCGTTGCCCAGAG
		R	CAGACAGCACAGTGTTGGCGT

2. 总 RNA 提取

先利用注射器将保存在−80 ℃冰箱中的组织样本捣碎匀浆，然后根据 Trizol 试剂盒说明书的要求操作，获得泰国斗鱼各组织的总 RNA。总 RNA 的浓度和完整性分别利用核酸测定仪和琼脂糖凝胶电泳进行检测。

(1) 泰国斗鱼各组织 RNA 的提取(Trizol 法)

① 从−80 ℃冰箱中取出 70 mg 左右的各组织样品，往放有组织的 1.5 mL 无 RNA 酶的离心管中加入 1 mL Trizol 试剂，用 1 mL 一次性的注射器重复抽打匀浆 5 min，使组织与 Trizol 试剂充分混匀，接着室温静置试管 5 min，使细胞裂解。

② 向试管中加入 200 μL 氯仿，剧烈振荡 15 s，然后将试管室温静置 15 min，使溶液分层。

③ 在 12 000 r/min，4 ℃的离心机上离心 15 min，上层为所要提取的 RNA，中层为蛋白质，下层为含 DNA 的有机物，然后将上清液转移至一个新的 1.5 mL 离心管中。

④ 往离心管中加入 500 μL 异丙醇，涡旋振荡混匀 10 s，接着室温静置 5～10 min。

⑤ 在 12 000 r/min，4 ℃的离心机上离心 10 min，弃去上清异丙醇，用移液枪吸去多余的残留液体。

⑥ 往离心管中加入 1 mL 70％乙醇，旋涡振荡 15 s，洗涤沉淀。

⑦ 12 000 r/min，4 ℃的离心机上离心 5 min，弃去上清液，短暂离心 10 s，用移液枪小心地吸掉剩余的乙醇，重复 2 遍。

⑧ 往离心管中加入 1 mL 无水乙醇，在 12 000 r/min，4 ℃的离心机上离心 5 min，弃去上清液，再短暂离心 15 s，用移液枪小心去除乙醇后，将离心管放置室温干燥约 5 min，让残留的乙醇挥发，最后加入适量的 DEPC 水溶解 RNA。

(2) 核酸测定仪检测

使用核酸蛋白测定仪，测定所提 RNA 的 OD_{260}、OD_{280} 数值，以确定提取 RNA

的浓度。

(3) 琼脂糖凝胶电泳检测

取 1.5 μg 总 RNA 进行 1.5%琼脂糖凝胶电泳来检测片段 RNA 的完整性。

3. 分子克隆

以泰国斗鱼精巢的总 RNA 作为模板，利用 The ReverTra Ace-a first-strand cDNA Synthesis Kit 试剂盒反转录合成克隆 *sox9* 中间片段的 cDNA 模板，并通过中间片段克隆引物的扩展，克隆获得泰国斗鱼 *sox9* 基因的 cDNA 中间片段序列。然后根据中间片段，设计的 5′Race 和 3′Race 的特异克隆引物。根据 Smart-RACE 试剂盒的说明书进行克隆，分别获得泰国斗鱼 *sox9* 基因 5′端和 3′端的序列，然后通过拼接，获得 cDNA 序列全长。最后通过全长特异引物验证，获得确切的 *sox9* cDNA 序列全长。

(1) The ReverTra Ace-a first-strand cDNA Synthesis Kit 试剂盒反转录

① 取 2 μg 总 RNA 的样品，DNA 酶(RNase-free DNase Ⅰ,Fermentas,USA)(DNA 酶Ⅰ,热电,美国)37 ℃处理 30 min，除去基因组污染，反应体系如表 7-2 所示。

表 7-2 反应体系

反应成分	体积(μL)
RNA(2μg)	x
DNase I buffer	1
DNase I	1
ddH2O	$8-x$

② 加入 1 μL 10 mmol/L EDTA 振荡混匀后，70 ℃条件下处理 10 min 以灭活 DNA 酶，结束后置于冰上。

③ 加入 Oligo(dT) 2 μL，M-MLV 5×reaction buffer 5 μL，dNTP 1.25 μL，M-MLV 反转录酶 1 μL，DEPC 水 3.75 μL，然后 42 ℃条件下处理 1 h，结束后保存备用，其反应体系如表 7-3 所示。

表 7-3　反转录反应体系

反应成分	体积(μL)
DNase I 处理过后的 RNA (1μg)	11
5×reaction buffer	5
10 dNTP	1.25
Oligo(dT)	2
RNase Inhibitor	1

续表

反应成分	体积(μL)
M-MLV Rverse Transcriptase	1
DEPC	3.75

(2) 泰国斗鱼 *sox9* 基因 cDNA 全长 PCR 扩增

以泰国斗鱼全脑反转录产物为模板,操作依据 Smart-RCAE 试剂盒(Takara, Japan)的步骤,按照反应体系表 7-4 进行 *sox9* 基因 5′端和 3′端的第一链 cDNA 的合成,再通过序列重合进行拼接,以获得 cDNA 序列全长。后根据开放阅读框全长,设计全长特异引物来进行全长验证。

表 7-4 PCR 扩增反应体系

反应成分	体积(μL)
C-SBF2	1.0
C-SBR1	1.0
RT 产物	1.0
2XPCR DSMix	12.5
超纯水	9.5
总共	25

反应条件:95 ℃预变性 4 min;95 ℃变性 30 s;55 ℃复性 30 s;72 ℃延伸 1 min,共 40 个循环;72 ℃延伸 10 min。

4. 序列分析

用 DNAtools 6.0 软件分析泰国斗鱼 *sox9* 基因的开放读码框并推断的氨基酸序列。用 ProtParam 软件预测蛋白分子量及理论等电点等参数。最后用 clustalx 1.8 和 Mega 4.0 的软件构建蛋白系统进化树。

5. 组织分布

取泰国斗鱼各组织的总 RNA 1 μg,用 DNase Ⅰ 将基因组 DNA 去除,然后根据 The ReverTra Ace-a first-strand cDNA Synthesis Kit 的说明书合成 cDNA 模板。利用泰国斗鱼 *sox9* 基因的特异引物与 *β-actin* 基因作为内参,进行组织分布的半定量检测。实验所用的反应体系为 25 μL,循环条件为:94 ℃预变性 4 min,94 ℃变性 30 s,58 ℃退火 30 s,72 ℃延伸 1 min,40 个循环,最后 72 ℃延伸 1 min,吸取8 μL PCR 产物进行 1.5%的琼脂糖凝胶电泳,用 Tanon 2500R 凝胶成像分析系统进行拍照与半定量分析。

7.2 结果与分析

7.2.1 泰国斗鱼 sox9 基因 cDNA 全长

利用 DNAStar 软件去除载体序列并将其进行拼接,得到了泰国斗鱼 *sox9* 完整的 cDNA 序列。泰国斗鱼 *sox9* cDNA 全长为 2 201 bp,包括 5′非翻译区(5′-UTR)109 bp,3′非翻译区(3′-UTR)554 bp,开放阅读框(ORF)为 1449bP(图 7-1)。其中在第 104～172aa 范围为 *sox9* HMG-box,在该盒内存在一个特征性基序 AQAARRKL,两个核定位信号 NLS(NLS1:KRPMNAFMVWAQAARRK;NLS2:RRRK)。用 ProtParam 软件预测泰国斗鱼 *sox9* 蛋白分子量为 52.972 kD,理论等电点为 6.23。

7.2.2 泰国斗鱼 sox9 的氨基酸序列比对及同源性分析

泰国斗鱼 *sox9* 与已知鱼类的 *sox9* 序列进行同源性分析(图 7-2),结果显示泰国斗鱼 Sox9 蛋白前体和其他鱼类的 Sox9 蛋白类似,均具有 Sox 家族的特征性结构。泰国斗鱼 Sox9 蛋白前体中的 HMG 结构域和其他鱼类 HMG 结构域同源性较高,显示出高度的保守性,只有一个氨基酸残基的差异。另外,在 HMG 结构域内同样存在一个特征性基序 AQAARRKL,以及两个核定位信号 NLS1 和 NLS2。

7.2.3 泰国斗鱼 sox9 蛋白的系统进化树分析

利用邻位相连算法构建泰国斗鱼以及其他脊椎动物 Sox9 蛋白的系统进化树(图 7-3),结果显示泰国斗鱼的 Sox9 蛋白与其他鱼类聚为一簇,其中与半滑舌鳎的亲缘关系最近,其次是尖吻鲈、点带石斑鱼、金钱鱼和黄鳝等,与鸡、小鼠和人等高等脊椎动物的进化亲缘关系较远。

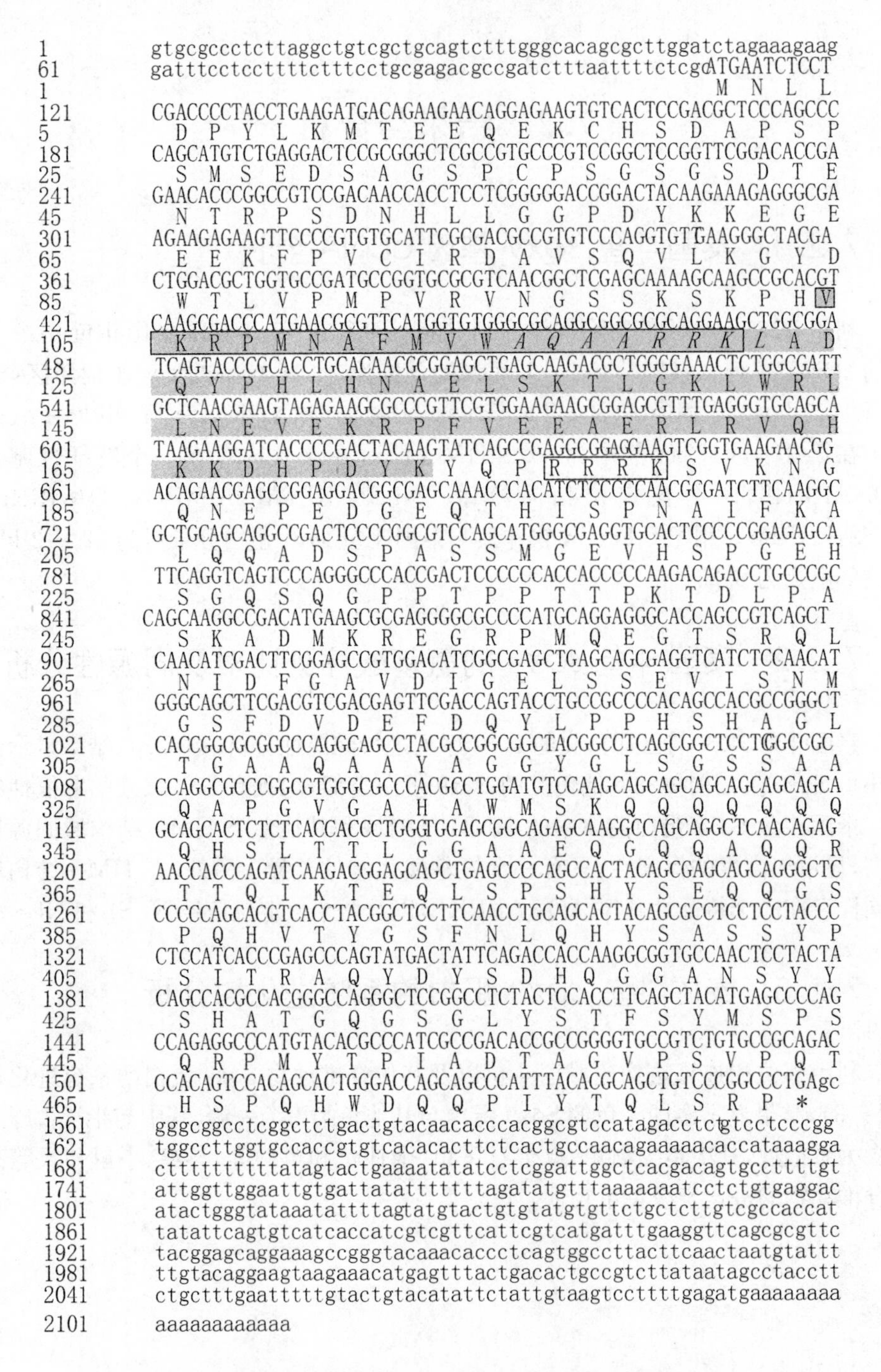

图 7-1　泰国斗鱼 *sox9* 基因的 cDNA 序列及推测的氨基酸序列

灰色区域为 HMG 保守盒；方框内氨基酸为核定位信号 NLS1 和 NLS2；加粗斜体氨基酸为特征性基序。

```
尖吻鲈          1    MNLLDPYLKMTEEQEKCHSDAPSPSMSEDSAGSPCPSGSGSDTENTRPSDNHLLRGQD--
黄鳝            1    MNLLDPYLKMTEEQEKCHSDAPSPSMSEDSAGSPCPSGSGSDTENTRPSDNHLLRGPD--
半滑舌鳎        1    MNLLDPYLKMTDEQEKCHSDAPSPCMSDDSAGSPCPSGSGSDTENTRPTDNHLLGGPD--
泰国斗鱼        1    MNLLDPYLKMTEEQEKCHSDAPSPSMSEDSAGSPCPSGSGSDTENTRPSDNHLLGGPD--
虹鳟            1    MNLLDPFLKMTDEQEKCFSDAPSPSMSEDSVGSPCPSGSGSDTENTRPSDNHLLLGPDGV
奥利亚罗非鱼    1    MNLLDPYLKMTEEQDKCLSDAPSPSMSEDSAGSPCPSGSGSDTENTRPSENGLLRADG-S
                     ******:****:**:** ******.**:**.*****************:.* **. .
尖吻鲈          61   --YKKEGEEEKFPVCIRDAVSQVLKGYDWTLVPMPVRVNGSSKSKPHVKRPMNAFMVWAQ
黄鳝            61   --YKKEGEEEKFPVCIRDAVSQVLKGYDWTLVPMPVRVNGSTKNKPHVKRPMNAFMVWAQ
半滑舌鳎        61   --YKKEGEEEKFPVCIRDAVSQVLKGYDWTLVPMPVRVNGSSKNKPHVKRPMNAFMVWAQ
泰国斗鱼        61   --YKKEGEEEKFPVCIRDAVSQVLKGYDWTLVPMPVRVNGSSKSKPHVKRPMNAFMVWAQ
虹鳟            61   LGEFKKADQDKFPVCIRDAVSQVLKGYDWTLVPMPVRLNGSSKNKPHVKRPMNAFMVWAQ
奥利亚罗非鱼    61   LGDFKKDEEDKFPACIREAVSQVLKGYDWTLVPMPVRVNGSTKNKPHVKRPMNAFMVWAQ
                         *: ::.:***.***:*********************:*.***************
尖吻鲈          121  AARRK LADQYPHLHNAELSKTLGKLWRLLNEVEKRPFVEEAERLRVQHKKDHPDYKY QPR
黄鳝            121  AARRK LADQYPHLHNAELSKTLGKLWRLLNEVEKRPFVEEAERLRVQHKKDHPDYKY QPR
半滑舌鳎        121  AARRK LADQYPHLHNAELSKTLGKLWRLLNEVEKRPFVEEAERLRVQHKKDHPDYKY QPR
泰国斗鱼        121  AARRK LADQYPHLHNAELSKTLGKLWRLLNEVEKRPFVEEAERLRVQHKKDHPDYKY QPR
虹鳟            121  AARRK LADQYPHLHNAELSKTLGKLWRLLNEVEKRPFVEEAERLRVQHKKDHPDYKY QPR
奥利亚罗非鱼    121  AARRK LADQYPHLHNAELSKTLGKLWRLLNEVEKRPFVEEAERLRVQHKKDHPDYKY QPR
                     ****************************** *****************************
尖吻鲈          181  RRKSVKNGQNEPEDS-EQTHISPNAIFKALQQADSPASSMGEVHSPGEHSGQSQGPPTPP
黄鳝            181  RRKSVKNGQNEPEDS-EQTHISPNAIFKALQQADSPASSMGEVHSPGDHSGQSQGPPTPP
半滑舌鳎        181  RRKSVKNGQNEADDG-EQTHISPNAIFKALQQADSPASSMGEVHSP-EHSGQSQGPPTPP
泰国斗鱼        181  RRKSVKNGQNEPEDG-EQTHISPNAIFKALQQADSPASSMGEVHSPGEHSGQSQGPPTPP
虹鳟            181  RRKSVKNGQSEPEDG-EQTHISSGDIFKALQQADSPASSMGEVHSPSEHSGQSQGPPTPP
奥利亚罗非鱼    181  RRKSVKNGQSEGEDGSEQTHISPNAIFKALQQADPPASSMGEVHSPGEHSG-SQGPPTPP
                     *********.* :*. ******.. *********.*********** :*** ********
尖吻鲈          241  TTPKTDLPSSKADLKREG--RPMQEGTS-RQLNIDFGAVDIGELSSDVISNMGSFDVDEF
黄鳝            241  TTPKTDLSSSKADLKREG--RPMQEGTS-RQLNIDFGAVDIGELSSDVISNMGSFDVDEF
半滑舌鳎        241  TTPKTDMPSNKAELKREG--RPMQEGAS-RQLNIDFGAVDIGELSSDVISNMGSFDVDEF
泰国斗鱼        241  TTPKTDLPASKADMKREG--RPMQEGTS-RQLNIDFGAVDIGELSSEVISNMGSFDVDEF
虹鳟            241  TTPKTDLAVGKADLKREG--RPLQEGTG-RQLNIDFRDVDIGELSSDVISNIEAFDVHEF
奥利亚罗非鱼    241  TTPKTDVSSGKVDLKREVGLRSLPDGPGGRQLNIDFRDVDIGELSSDVISHIETFDVNEF
                     ******:. .*.::***   *.: :*.. *******  ********:***:: :***.**
尖吻鲈          301  DQYLPPHSHAGVT--SAAQAGYTGSY-GISSSSVGQAANVGAHAWMSK---QQQQQQ--
黄鳝            301  DQYLPPHSHAGVT--GTVQTGYTNSY-NISSPSVVQAANAGAHTWVSK---QQQQQQQ-
半滑舌鳎        301  DQYLPPHSHAGLP--SGAQAGYTGSY-GMGSSSLGQAANVGVHAWMSK---QQQQQQQQ
泰国斗鱼        301  DQYLPPHSHAGLT--GAAQAAYAGGY-GLSGSSAAQAPGVGAHAWMSK---QQQQQQQ-
虹鳟            301  DQYLPPHGHPGMPGINGAQTSYTGSYRGISSNSIGQVG-AGGHGWMSK---QQQQPIS--
奥利亚罗非鱼    301  DQYLPPNGHPGST--NAAPVSYTGSY-SISS-GGAPVSPQSGGAWMAKSPNQQGQQQQQ-
                     ******:.*.*  .  . ..*:..* .:.. .   .   .   *::*   ** *  .
尖吻鲈          361  -----HSLTTLGGGGEQGQQGQQRTTQIKTEQLSPSHYSEQQGSP-QHVTYGSFNLQHYS-
黄鳝            361  -----HSLTTLGGGGEQGQQGQQRTAQIKTEQLSPSHFSEQQGSP-QHVTYGSFNLQHYS-
半滑舌鳎        361  QQQQHSLTTLGGGGEQGQQGQQRTTQIKTEQLSPSHYSEQQGSP-QHITYGSFNLQHYS-
泰国斗鱼        361  -----HSLTTLGGAAEQGQQAQQRTTQIKTEQLSPSHYSEQQGSP-QHVTYGSFNLQHYS-
虹鳟            361  ------ILSGGGGTGGEQGQSQGRTTQIKTEQLSPSHYSEQQGSPPQHVTYGSFNLQHYS-
奥利亚罗非鱼    361  -----HTLTTLGSSGASDGAQTQHRTQIKTEQLSPSHYSEQQGSPQHVSPYSPFNLQHYSP
                          *:  *. . .       :  :***********:******* :  .*..*******
尖吻鲈          421  TSSYPSITRAQ---YDYSDHQGG----ANSYYSHA-AGQGSGLYSTFSYMS-PSQRPMYT
黄鳝            421  TSSYPSITRAQ---YDYSDHQGG----ANSYYSHA-AGQGSGLHSTFSYMN-PNQRPMYT
半滑舌鳎        421  TSSYPSITRAQ---YDYSDHQSG----ANSYYSHA-AGQGSGLYSTFSYMS-SSQRPMYT
泰国斗鱼        421  ASSYPSITRAQ---YDYSDHQGG----ANSYYSHA-TGQGSGLYSTFSYMS-PSQRPMYT
虹鳟            421  ASSYPSITRTQ---YDYSDHQGG----ANSYYSHA-GAQGSGLYSFSSYMS-PSQRPMYT
奥利亚罗非鱼    421  SSSYPAISRAQQQQYDYPDHQGGGTATASSYYSHAGAGQSSGLYSTFSYMSSPSQRLMYT
                     :****:*:*:*   ***.***.*    *.******  .*.***:*  ***.  ..** ***
尖吻鲈          481  PIADTTGVPSVP-QTHSPQHWEQQPIYTQLSRP
黄鳝            481  PIADTTGVPSVP-QTHSPQHWEQQPIYTQLSRP
半滑舌鳎        481  PIADTTGVPSVP-QTHSPQHWDQQPIYTQLSRP
泰国斗鱼        481  PIADTAGVPSVP-QTHSPQHWDQQPIYTQLSRP
虹鳟            481  PIADPTGVPSVPTQTHSPQHWEQQPVYTQLSRP
奥利亚罗非鱼    481  SIADNTGVPSIP--QNSPQHWDPAPVYTQLTRP
                     .*** :****:*   :*****:  *:****:**
```

图 7-2 不同鱼类 *sox9* 蛋白前体的氨基酸序列比对

以上各鱼类的 SOX9 蛋白前体序列在 NCBI 数据库中的登录号分别为：尖吻鲈（*Lates calcarifer*）：AKI32580.1；黄鳝（*Monopterus albus*）：AAK59254.1；半滑舌鳎（*Cynoglossus semilaevis*）：NP_001281172.1；虹鳟（*Oncorhynchus mykiss*）：NP_001117651.1；奥利亚罗非鱼（*Oreochromis aureus*）：ABY66377.1。阴影部分为 HMG 结构域；方框内氨基酸为核定位信号 NLS1 和 NLS2；加粗斜体氨基酸为特征性基序。

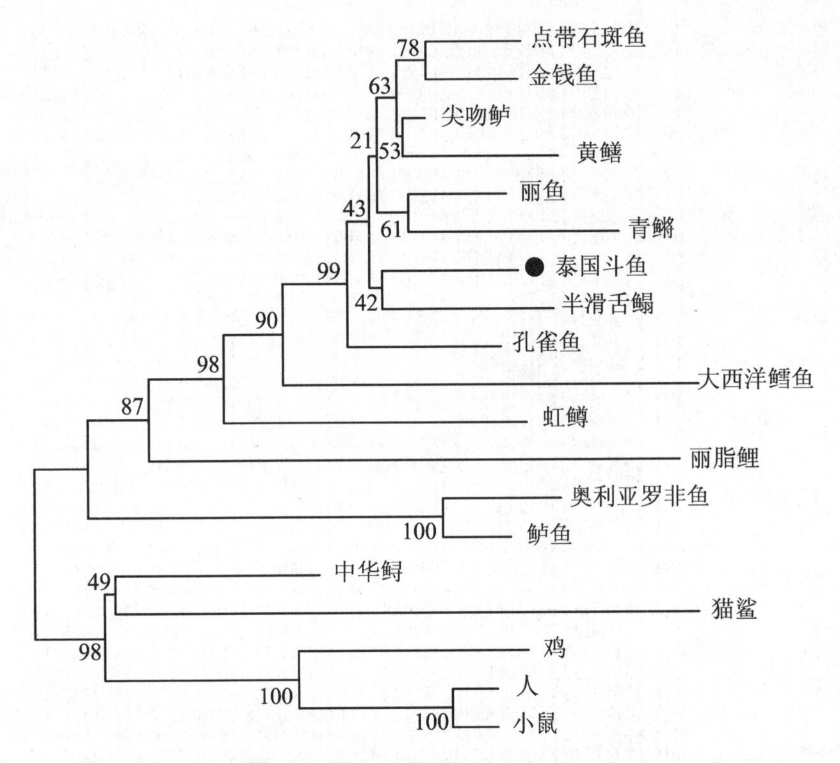

图 7-3 泰国斗鱼和其他物种的 Sox9 蛋白的系统进化树

本进化树采用 Mega 4.0 软件(邻位相连算法)构建,系统树中结点处数值代表 10 000 次评估的自举检验置信度。各物种的 SOX9 蛋白在 NCBI 数据库中登录号分别为:点带石斑鱼(*Epinephelus coioides*):ACZ51153.1;金钱鱼(*Scatophagus argus*):AFW97630.1;尖吻鲈(*Lates calcarifer*):AKI32580.1;黄鳝(*Monopterus albus*):AAK59254.1;丽鱼(*Cichla monoculus*):ANG60855.1;青鳉(*Oryzias luzonensis*):BAH05019.1;半滑舌鳎(*Cynoglossus semilaevis*):NP_001281172.1;孔雀鱼(*Poecilia reticulata*):ABG77973.1;大西洋鳕鱼(*Gadus morhua*):AFA46806.1;虹鳟(*Oncorhynchus mykiss*):NP_001117651.1;丽脂鲤(*Astyanax altiparanae*):AJE59415.1;奥利亚罗非鱼(*Oreochromis aureus*):ABY66377.1;鲈鱼(*Dicentrarchus labrax*):CBN81190.1;中华鲟(*Acipenser sinensis*):AHZ62758.1;猫鲨(*Scyliorhinus canicula*):ABY71239.1;鸡(*Gallus gallus*):BAA25296.1;人(*Homo sapiens*):CAA86598.1;小鼠(*Mus musculus*):EDL34400.1。

7.2.4 泰国斗鱼 *sox9* 基因的组织表达

利用 RT-PCR 半定量的方法分析 *sox9* 基因在泰国斗鱼雌雄个体不同组织中的表达情况。在雌鱼中,*sox9* 在肌肉的表达量最高,其次为脑和肠组织,在肾脏和胃检测到较低的表达量,在垂体中检测到微弱的表达信号,在肝脏、卵巢和心脏中均检测不到表达信号。在雄鱼中,*sox9* 在脑和精巢中的表达量最高,其次是肾脏和肌肉,在垂体、肝脏、肾脏、心脏和肠中均未检测到表达信号(图 7-4)。

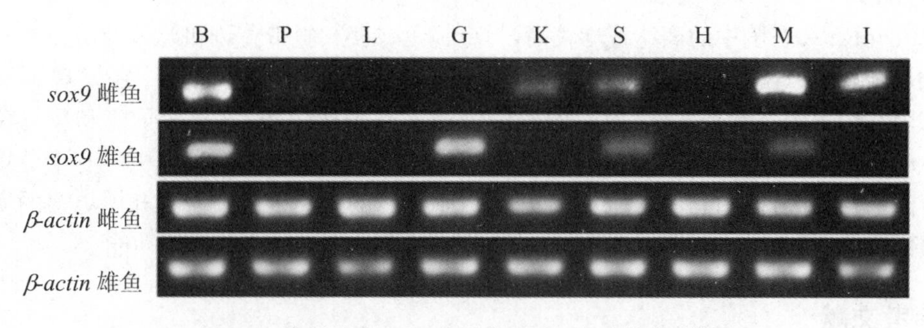

图 7-4 泰国斗鱼 *sox9* 基因在不同组织中的表达情况

B为脑，P为垂体，L为肝脏，G为性腺，K为肾脏，S为脾脏，H为心脏，M为肌肉，I为肠，*β-actin* 基因为内参对照。

7.3 讨　　论

通过现代分子克隆技术方法，克隆获得泰国斗鱼 *sox9* 基因的 cDNA 序列全长。通过序列分析，发现泰国斗鱼的 Sox9 与其他鱼类的 Sox9 蛋白一样，具有 Sox 家族成员典型的 HMG 结构，并且显示出高度的保守性。泰国斗鱼 Sox9 蛋白与其他鱼类的 Sox9 蛋白序列长度与大小相似，并均具有 Sox9 因子其他的重要结构特征，如两段核定位信号序列 NLS1 和 NLS2，及 HMG 区域中的特征基序(AQAARRKL)。这些基序的高度保守，表明了 Sox9 蛋白在结构进化过程中的保守性，同时也预示着生理功能在进化过程中的保守。

利用邻位相连算法进一步分析泰国斗鱼及其他脊椎动物 Sox9 蛋白的系统进化关系。结果显示出泰国斗鱼与半滑舌鳎的亲缘关系最近，其次是尖吻鲈、点带石斑鱼、金钱鱼、黄鳝和青鳉等鱼类，而与同为鲈形目的罗非鱼和鲈鱼的亲缘关系比其他目的鱼类还要远，从而显示出 Sox9 蛋白的系统进化与物种的进化地位不相一致。这可能与鱼类的基因组结构相关。鱼类基因组在进化过程中，经历了 3 次基因组复制，导致很多基因发生了多亚型化，一般会同时存在两种或几种的亚型。在鱼类的研究中，已经在多种鱼类中发现了 *sox9* 基因存在中两种亚型，分别是 *sox9a* 和 *sox9b*。由于多亚型的存在，可能会导致 Sox9 蛋白在系统进化树构建中聚类发生改变。因此，后续需要在更多物种中拓展研究，将 Sox9 的各个亚型进行克隆鉴定，才能进一步完善 Sox9 蛋白分子的系统进化树。

通过 RT-PCR 的方法检测了泰国斗鱼在雌雄个体中的组织分布情况。分析发现泰国斗鱼 *sox9* 基因在不同组织中的表达具有显著的组织表达特异性和雌雄差异性，预示了 Sox9 具有多种生理调节功能及雌雄功能的差异。泰国斗鱼的组织分布和其他鱼类一样，均具有组织表达特异性及雌雄二态性。在雌性泰国斗鱼中，

sox9 mRNA 在脑中的表达量均较高，与金钱鱼、虹鳟、斜带石斑和鲶鱼的研究相一致，表明 *sox9* 在上游神经系统中的重要生理功能。另外，在本研究中还发现 *sox9* 基因在精巢中具有高表达，而在卵巢中检测不到表达信号，这与胡子鲶和斑马鱼 *sox9a* 基因的表达情况相一致，从而表明泰国斗鱼 *sox9* 在雄性发育中具有十分重要的作用，并可能和其他物种一样，起到性别决定的作用。后续需要开展更多的实验研究，才能进一步阐明泰国斗鱼 *sox9* 基因的在性别调控中的确切功能。

参考文献

[1] 陈建华，何毛贤，牟幸江，等. 金钱鱼 *sox9* cDNA 克隆及其表达分析[J]. 动物学杂志，2015，50(1)：93-102

[2] 梁清仪，王心仪，孙冬捷，等. 两个 *sox9* 基因在斑马鱼胚胎发育和成体性腺中的动态表达特征[J]. 山东农业科学，2014，7：20-24.

[3] Chaboissier M C, Kobayashi A, Vidal V I, et al. Functional analysis of Sox8 and Sox9 during sex determination in the mouse[J]. Development, 2004, 131: 1891-1901.

[4] Johnsen H, Tveiten H, Torgersen J S, et al. Divergent and sex-dimorphic expression of the paralogs of the Sox9-Amh Cyp19a1 regulatory cascade in developing and adult Atlantic cod (*Gadus morhua*) [J]. Molecular Reproduction and Development, 2013, 80(5): 358-370.

[5] Kent J, Wheatley S C, Andrews J E, et al. A male specific role for Sox9 in vertebrate sex determination[J]. Development, 1996, 122: 2813-2822.

[6] Morais da Silva S, Hacker A, Harley V, et al. Sox9 expression during gonadal development implies a conserved role for the gene in testis differentiation in mammals and birds[J]. Nature Genetics, 1996, 14: 62-68.

[7] Sekido R, Lovell Badge R. Sex determination involves synergistic action of SRY and SF1 on a specific Sox9 enhancer[J]. Nature, 2008, 453: 930-934.

[8] Vidal V P, Chaboissier M C, De Rooij D G. Sox9 induces testis development in XX transgenic mice[J]. Nature Genetics, 2001, 28: 216-217.

[9] Wagner T, Wirth J, Meyer J, et al. Autosomal sex reversal and campomelic dysplasia are caused by mutations in and around the SRY-related gene Sox9 [J]. Cell, 1994, 79(6): 1111-1120.

[10] Yokoi H, Kobayashi T, Tanaka M, et al. Sox9 in a Teleost Fish, Medaka (*Oryzias latipes*): evidence for diversified function of Sox9 in gonad differentiation [J]. Molecular Reproduction and Development, 2002, 63: 5-16.

[11] Zhou R, Liu L, Guo Y, et al. Similar gene structure of two *sox9a* genes and

their expression patterns during gonadal differentiation in a teleost fish, rice field eel (*Monopterus albus*) [J]. Molecular Reproduction and Development, 2003, 66: 211-217.

第8章　泰国斗鱼 *pomc* 基因的克隆及表达分析

下丘脑被认为是主要的中枢摄食调控中心，接受来自中枢和外周的信号调控摄食活动；而外周器官和组织，如肠、胃、胰岛、甲状腺、肌肉和肝脏可以分泌相应的物质通过神经传至下丘脑，实现反馈调控，从而维持机体的正常摄食和能量平衡。目前研究表明，摄食调控的关键因子主要有神经肽Y(neuropeptide Y，NPY)、刺鼠基因相关肽(agouti gene-related peptide，AgRP)、黑色素聚集激素(melanin-concentrating hormone，MCH)和食欲素(Orexin)等促进摄食因子；阿黑皮素原(proopiomelanocortin，Pomc)、可卡因-苯丙胺调节转录肽(cocaine and amphetamine-regulated transcript，CART)和胆囊收缩素(cholecystokinin，CCK)等关键的抑制摄食因子。脑根据来自外界的各种营养和能量信号，结合机体本身的营养状况和能量水平，通过各功能区合成和分泌摄食调节因子而发挥相互作用，并形成了一个精密的调控循环，进而保障了机体正常的能量代谢动态平衡。因此，对相关关键因子的鉴定与功能研究，为拓展和完善摄食神经内分泌调控网络提供了新的理论基础。

pomc 在脊椎动物生理调控中具有十分重要的生理功能，并受到了人们广泛的关注。*pomc* 是动物脑和垂体中多种活性肽类的共同前体，如MSH、ACTH、β-内啡肽等。在脊椎动物中，前体 *pomc* 蛋白在不同的组织细胞中具有不同的加工模式：在垂体前叶的ACTH细胞中被加工为ACTH和β-促脂素(β-LPH)；在位于垂体中叶的促黑素细胞中被加工为α-MSH、β-内啡肽、类促肾上腺皮质素中叶肽(cortico-tropin-like intermediate lobe peptide)、CLIP和β-LPH。前体 *pomc* 蛋白产生的各种活性物质已经证实其在动物的生长、摄食、应急和能量代谢等的调节中起着重要作用。目前在众多的鱼类中均进行了克隆与鉴定，如鲆鲽鱼类、乌鳢、鲥鱼和太湖新银鱼。鱼类 *pomc* 最具有多样性。在辐鳍鱼类的进化过程中，*pomc* 中的γ-MSH区域不断退化，经实验研究发现真骨鱼类中γ-MSH区域甚至完全消失。而在许多软骨鱼类中，除存在α-MSH、β-MSH、γ-MSH外，还发现有δ-MSH，因此，研究鱼类 *pomc* 对于了解ACTH、MSH和β-内啡肽等的结构与功能以及探讨脊椎动物 *pomc* 的进化有着重要的意义。

pomc 对动物的应激反应、能量代谢和摄食起着重要的作用，同时 *pomc* 在不

同动物体内的特异性表达对动物的性能也有着显著的影响，如人的 *pomc* 基因紧靠营养物质进食量的数量性状位点、肥胖数量性状位点等基因位点附近，调控着人的进食量，导致肥胖发生，因此人的 *pomc* 基因用于一些肥胖病的遗传检测；在动物中 *pomc* 基因也有重要功能，如牛的 *pomc* 基因对牛的生长性能起着至关重要的作用；鱼类的 *pomc* 基因在鱼类，如鲤形目（cyprinoidei）、鲇形目（siluriformes）、鳃形目（symbranchiformes）和鲈形目（perciformes）中的功能，是促进鱼类性腺的成熟、脂肪的分解、调节渗透压、维持水盐平衡及参与应激反应等。

本书以泰国斗鱼作为实验的研究对象，利用现代分子克隆的技术手段对泰国斗鱼 *pomc* 全长 cDNA 进行了克隆和序列分析，以期为进一步探讨 *pomc* 生理功能等的调节奠定基础。

8.1　材料与方法

8.1.1　实验材料

1. 实验鱼

在实验开始之前于广东省湛江市霞山区花鸟市场采购所用的实验用鱼（泰国斗鱼）。泰国斗鱼在广东海洋大学水产楼暂养一段时间，待到斗鱼无大的变化后开始进行实验。在实验的过程中，首先是将泰国斗鱼放在事先准备好的冰块上进行深度麻醉，然后在其冷冻失去基本知觉以后，用无 RNA 酶处理后的刀片等解剖用具，依次将斗鱼的心脏、肝、肌肉、性腺、肾、脾、肠、脑、垂体等器官或者组织取出，用液氮迅速冷冻起来，最后保存于－80 ℃的冰箱中作为备用，用于总 RNA 的提取。

2. 实验试剂

The ReverTra Ace-α first-strand cDNA Synthesis Kit 和 DNase Ⅰ试剂盒购于 TOYOBO 公司，DNase Ⅰ用于去除基因组 DNA 和反转录；用于基因克隆的 Smart-RACE 试剂盒购于 Takara 公司；载体 pTZ7R/T 和 Taq 酶购于中国天根公司；总 RNA 提取使用的 Trizol 试剂购于 Life 公司；其余化学试剂均为国产分析纯。

8.1.2　实验方法

1. 引物设计

运用分子克隆技术可以得到泰国斗鱼 *pomc* 基因的 cDNA 序列全长，然后通过 NCBI 基因库的序列搜索进行比对，找出与泰国斗鱼 Pomc 序列同源性最高的鱼类 Pomc 序列。在进行了比对分析以后，可以根据序列的保守结构，利用 Primer

Explorer 设计出用于泰国斗鱼 *pomc* 基因的克隆与组织表达分析等引物(表 8-1)。

表 8-1 泰国斗鱼 *pomc* 基因的克隆与定量分析中所用到的引物

基因	目的	引物	序列
pomc	中间片段	F	GAGAACACCCGGCCGTCCGAC
		R	CTCAGCTGCTCCGTCTTGATC
	5′ RACE PCR	pomc -5R1(第一轮)	GACCCATGAACGCGTTCATGGT
		pomc -5R2(第二轮)	GCATCGGCACCAGCGTCCAGTC
	3′ RACE PCR	pomc -3F1(第一轮)	CAAGCAGCAGCAGCAGCAGCAG
		pomc -3F2(第二轮)	CTGGGTGGAGCGGCAGAGCAAG
	开放阅读框克隆	f1	CTTTCCTGCGAGACGCCGATC
		R1	TGGACGCCGTGGGTGTTGTACAG
	组织分布分析	Q-F	TGAAGGGAAGCACAGACG
		Q-R	GGGAAGATAAATGAGGAGGG
β-actin	组织分布分析	F	GAGAGGTTCCGTTGCCCAGAG
		R	CAGACAGCACAGTGTTGGCGT

2. 总 RNA 提取

将泰国斗鱼放在事先准备好的冰块上进行深度麻醉,在其冷冻失去基本知觉以后,用无 RNA 酶处理后的刀片等解剖用具,依次将斗鱼的心脏、肝、肌肉、性腺、肾、脾、肠、脑、垂体等器官或者组织取出并提取总 RNA。将冻存的样品于−80 ℃冰箱中取出 50～100 mg,加入 1 mL Trizol 试剂,然后利用注射器将各组织器官充分捣碎匀浆,在室温下静置 5 min,使细胞裂解。随后将浆液转入 1.5 mL 离心管中,加入 200 μL 氯仿进行抽提,抽提后剧烈振荡 15 s,在室温下静置15 min,以便让溶液静置分层。将上述的离心管于 4 ℃,12 000 r/min 条件下,置于冰冻离心机中离心 15 min。离心后的上清液转移到一个干净的 1.5 mL 离心管中,加入异丙醇 500 μL,剧烈振荡以充分混匀溶液,在室温下进行 5～10 min 的静置,将该离心管放于 4 ℃,12 000 r/min 条件下的离心机中离心 10 min。离心后去除上清液,加入 70%乙醇 1 mL,充分振荡将沉淀物洗涤。随后再将离心管置于 4 ℃,12 000 r/min 条件下的离心机中离心 5 min,将上清液去除。约 5 min 的干燥后,加入适量 DEPC 溶液进行 RNA 的溶解。最后利用核酸测定仪和琼脂糖凝胶电泳对提取的总 RNA 进行浓度与完整度的检测。

3. 分子克隆

以泰国斗鱼精巢中的总 RNA 作为模板,利用 the ReverTra Ace-α first-strand cDNA Synthesis Kit 试剂盒进行反转录,可以合成克隆 *pomc* 基因中间片段的 cDNA 模板,然后通过中间片段克隆引物进行扩展,克隆获得泰国斗鱼 *pomc* 基因的 cDNA 中间片段序列。根据中间片段设计的 5′Race 和 3′Race 的特异克隆引物。再依据 Smart-RACE 试剂盒的说明书的操作步骤，取 2 μg RNA 样品于 1.5 mL 离心管中，补加 DEPC 溶液至 8 μL，加入 1 μL DNA 酶 Buffer 将样品置于 PCR 仪上，调制运行温度为 37 ℃，运行 30 min。后加入 1 μL DEPC 溶液，在 70 ℃ 的温度条件下，运行 10 min。结束后将离心管立即置于冰上。加入 5 μL M-MLV 5× Buffer，2μL oligo dT，1μL M-MLV 反转录酶，1.25 μL DNTP，4.75 μL DEPC 溶液，随后将样品置于温度为 42 ℃条件下的 PCR 仪上，运行 1 h。通过整个过程可以分别获得泰国斗鱼 *pomc* 基因 5′端和 3′端的序列，然后通过序列拼接，获得 *pomc* 基因的 cDNA 序列的全长。最后运用全长的特异引物进行验证，获得确切的 *pomc* 基因 cDNA 序列全长。

4. 组织分布

从试验样品泰国斗鱼的各个组织器官中各吸取 1 μg 的总 RNA，根据DNase Ⅰ的使用方法，先将基因组 DNA 去除，然后根据 The ReverTra Ace-α first-strand cDNA Synthesis Kit（TOYOBO，Japan）的步骤说明书的说明，进行第一链 cDNA 模板的合成。利用泰国斗鱼 *pomc* 的特异引物，进行 *pomc* 基因在各组织中的半定量检测，利用 *β-actin* 基因与泰国斗鱼 *pomc* 基因的特异引物作为内参，进行组织分布的半定量检测。所用的实验反应体系为 25 μL，循环条件为：94 ℃预变性 4 min，94 ℃ 变性 30 s，58 ℃退火 30 s，72 ℃延伸 1 min，40 个循环，72 ℃延伸 1 min。结束后吸取 8 μL PCR 产物在 1.5%的琼脂糖凝胶进行电泳，电泳条件是：120 V 电压下电泳 15 min。最后电泳结束后，再用 Tanon 2500R 凝胶成像分析系统进行半定量分析和拍照。

5. 序列分析

分析序列的时候是运用 DNAtools 6.0 软件，对泰国斗鱼的 *pomc* 基因的开放读码框（Open Reading Frame，ORF）进行分析并对氨基酸序列进行推断。运用 ProtParam 软件来预测蛋白分子量及理论等电点等参数。在构建蛋白系统进化树时再运用 Mega 4.0 和 clustalx 1.8 软件。

8.2　结果与分析

8.2.1　泰国斗鱼 *pomc* 基因的全长 cDNA 序列

利用 SoftBerry 在线预测工具，预测 Pomc 的氨基酸序列的其他功能位点，结果显示含有 *pomc* 基因四个蛋白激酶 C 磷酸化位点，氨基酸序列分别为 SCK、TKR、SKR、SQR；四个酪蛋白激酶Ⅱ磷酸化位点，氨基酸序列分别为 SCKD、

SMMD、TSND、SWDE；两个N-肉豆蔻酰化位点，氨基酸序列分别为GGTRGA、GTRGAV；一个酰胺化位点，氨基酸序列为VGRK；一个异戊烯基结合位点(CAAX框)，氨基酸序列为CPVW；一个内质网靶向序列，氨基酸序列为ANEL；一个微生物C端靶向信号，氨基酸序列为AHL，如表8-2所示。

表8-2　泰国斗鱼 *pomc* 的功能位点

功能位点	所在位置	氨基酸序列
蛋白激酶C磷酸化位点	28—30	SCK
TKR		87—89
	186—188	SKR
	200—202	SQR
酪蛋白激酶Ⅱ磷酸化位点	28—31	SCKD
	37—40	SMMD
	113—116	TSND
	195—198	SWDE
N-肉豆蔻酰化位点	14—19	GGTRGA
酰胺化位点	102—105	VGRK
异戊烯基结合位点(CAAX框)	2—5	CPVW
内质网靶向序列	135—138	ANEL
微生物C端靶向信号	60—62	AHL

如图8-1所示，利用Smart-RACE分子克隆技术，从泰国斗鱼的性腺组织中克隆获得泰国斗鱼 *pomc* cDNA全长序列为826 bp，共编码220个氨基酸，其中包括49 bp 5′非编码区，117 bp 3′非编码区。利用ORF Finder在线工具预测，预测开放阅读框(ORF)为49 bp到710 bp，共662 bp，编码220个氨基酸。使用SMART在线预测，该序列中含有两个结构域，第一个为d2liv，在68 bp到132 bp，共65 bp，编码24个氨基酸，第二个为d1dqua，在132 bp到182 bp，共51 bp，编码16个氨基酸。

```
1      GACTGAACGACAACAAGGAACGAGAAGGACATCGGACAACAGGAGAATGTGTCCTGTGTG
1        T  E  R  Q  Q  G  T  R  R  T  S  D  N  R  R  M  C  P  V  W
61     GTTAGTGGTGGCTGCGTTGGTTGTGGGCGGGACCAGAGGAGCTGTCAGTCAATGCTGGGA
21       L  V  V  A  A  L  V  V  G  G  T  R  G  A  V  S  Q  C  W  E
121    GCATCCGAGCTGTAAGGACTTCACCTCAGAGAGCAGCATGATGGACTGCATCCAGCTCTG
41       H  P  S  C  K  D  F  T  S  E  S  S  M  M  D  C  I  Q  L  C
181    TCGCTCAGACCTCACTGCAGAGACTCCGGTCGTCCCAGGCAATGCCCACCTCCAGCCGCC
61       R  S  D  L  T  A  E  T  P  V  V  P  G  N  A  H  L  Q  P  P
241    TCCTCCATCAGACCCCTCCTCATTTATCTTCCCCTCCTCTCCCTCCTCCTCCACGTTACC
81       P  P  S  D  P  S  S  F  I  F  P  S  S  P  S  S  S  T  L  P
301    TCTGACCAAACGGTCCTACTCCATGGAACACTTCCGCTGGGGGAAGCCCGTTGGTCGAAA
101      L  T  K  R  S  Y  S  M  E  H  F  R  W  G  K  P  V  G  R  K
361    GCGCCGCCCTGTCAAAGTCTACACCTCCAACGACGTGGAGGAGGAGTCGGCTGAAGTGTT
121      R  R  P  V  K  V  Y  T  S  N  D  V  E  E  E  S  A  E  V  F
421    CCCGGGGGAGATGAGGAGACGGGCGCTGGCTAATGAGCTCTTAGCAGCAGCAGTGGCAGA
141      P  G  E  M  R  R  R  A  L  A  N  E  L  L  A  A  A  V  A  E
481    GGAGGAGGAGAAGGCACAGGAGATGATGCAGGAGGAGCAGCAGCAGCTTCTGGGAGGCGT
161      E  E  E  K  A  Q  E  M  M  Q  E  E  Q  Q  Q  L  L  G  G  V
541    CCAGGAGAAGAAGGACGGGCCGTACAAGATGAAGCACTTCCGCTGGAGTGGTCCTCCAGC
181      Q  E  K  K  D  G  P  Y  K  M  K  H  F  R  W  S  G  P  P  A
601    AAGCAAGCGCTACGGCGGCTTCATGAAGAGCTGGGACGAGCGCAGCCAGCGACCACTGCT
201      S  K  R  Y  G  G  F  M  K  S  W  D  E  R  S  Q  R  P  L  L
661    CACACTCTTCAAGAACGTCATCAACAAAGACGGACAGCAGCAGAAATGAGCAGCAAAGAC
221      T  L  F  K  N  V  I  N  K  D  G  Q  Q  Q  K  *
721    AGACCACAGAGCTGCTGCCCGGCCAAGATCAGACACTATTAAAAACCAGTCACTGGGTCC
781    TGAATGAGTAACGTTTTGATATTTATTGATGTATGTAAATAACTGT
```

图 8-1　泰国斗鱼 *pomc* 基因序列全长

方框表示起始密码和终止密码;阴影部分表示 *pomc* 结构。

8.2.2　泰国斗鱼 *pomc* 的氨基酸序列比对及同源性分析

运用 NCBI 找到同源生物的氨基酸序列,如图 8-2 所示,采用 Clustal X2.0 对泰国斗鱼的 Pomc 与莫桑比克罗非鱼(*Oreochromis mossambicus*)、布氏新亮丽鲷(*Neolamprologus brichardi*)、尼罗罗非鱼(*Oreochromis niloticus*)、条斑星鲽(*Verasper moseri*)、伯氏朴丽鱼(*Haplochromis burtoni*)、斑马拟丽鱼(*Maylandia zebra*)、黄尾鰤(*Seriola lalandi dorsalis*)、点带石斑鱼(*Epinephelus coioides*)、鲈鱼(*Dicentrarchus labrax*)、高体鱼鰤(*Seriola dumerili*)、牙鲆(*Paralichthys olivaceus*)、尖吻鲈(*Lates calcarifer*)、鸡(*Gallus gallus*)、小鼠(*Mus musculus*)、人(*Homo sapiens*)相对应的 *Pomc* 的氨基酸序列进行比较。根据比对结果表明,泰国斗鱼与尖吻鲈(*Lates calcarifer*),莫桑比克罗非鱼(*Oreochromis mossambicus*),尼罗罗非鱼(*Oreochromis niloticus*),高体鱼鰤(*Seriola dumerili*)具有较高的氨基

酸序列同源性，分别为 88.2%、83%、83%和 82.7%。但是与鸡(*Gallus gallus*)、小鼠(*Mus musculus*)、人(*Homo sapiens*)的氨基酸序列同源性较低，分别只有 46.8%、49.2%、45.5%。

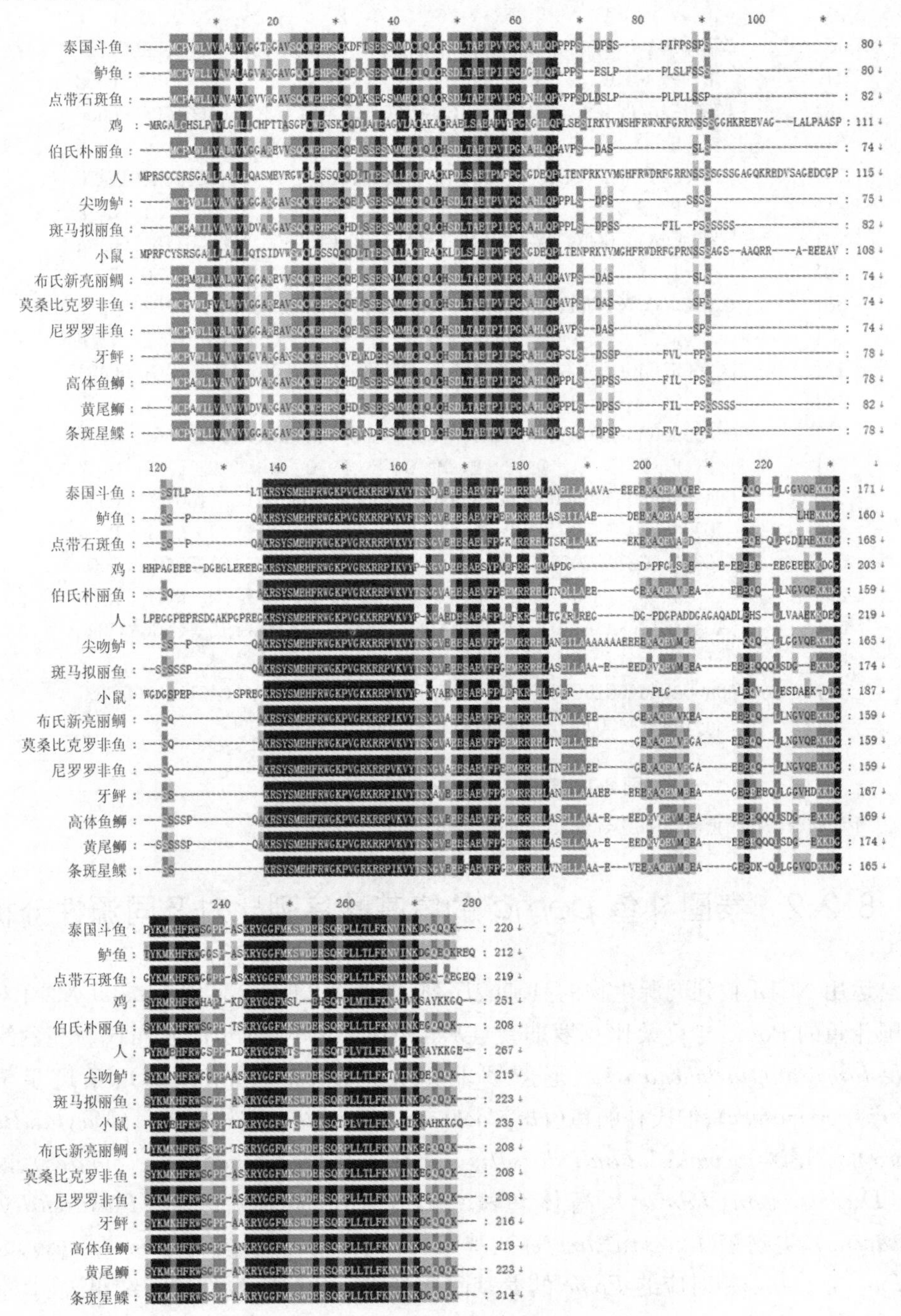

图 8-2 不同脊椎动物 *pomc* 的氨基酸序列比对

图 8-2 中，保守氨基酸序列用深黑色方框表示；“—”表示此位置无此氨基酸。物种名称用种名和属名首字母大写加基因名称。以上各种物种在 NCBI 的登录号为：莫桑比克罗非鱼 *Oreochromis mossambicus*（AAD41261. 1）；布氏新亮丽鲷 *Neolamprologus brichardi*（XP_006800377. 1）；尼罗罗非鱼 *Oreochromis niloticus*（XP_003457991. 1）；条斑星鲽 *Verasper moseri*（BAB18468. 1）；伯氏朴丽鱼 *Haplochromis burtoni*（NP_001273262. 1）；斑马拟丽鱼 *Maylandia zebra*（XP_004565673. 1）；点带石斑鱼 *Epinephelus coioides*（AAO11696. 1）；鲈鱼 *Dicentrarchus labrax*（AAU00742. 1）；高体鱼鰤 *Seriola dumerili*（XP_022625749. 1）；牙鲆 *Paralichthys olivaceus*（XP_019967703. 1）；尖吻鲈 *Lates calcarifer*（XP_018535640. 1）；鸡 *Gallus gallus*（NP_001026269. 1）；小鼠 *Mus musculus*（NP_032921. 1）；人 *Homo sapiens*（NP_068770）。

8.2.3　泰国斗鱼 *pomc* 基因的系统进化树分析

使用 Mega 6. 06 软件中邻位相连算法（Neighbour-joining）构建泰国斗鱼与其他鱼类等动物 Pomc 蛋白的系统进化树，如图 8-3 所示。

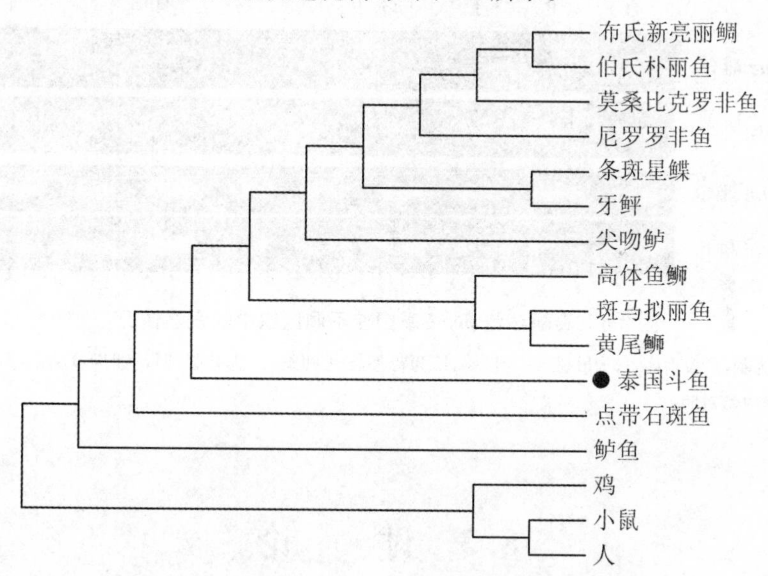

图 8-3　泰国斗鱼 Pomc 与其他物种的系统进化树

以上各物种的 pomc 基因在 NCBI 的登录号为：布氏新亮丽鲷（*Neolamprologus brichardi*）：XP_006800377. 1；伯氏朴丽鱼（*Haplochromis burtoni*）：NP_001273262. 1；莫桑比克罗非鱼（*Oreochromis mossambicus*）：AAD41261. 1；尼罗罗非鱼（*Oreochromis niloticus*）：XP_003457991. 1；条斑星鲽（*Verasper moseri*）：BAB18468. 1；牙鲆（*Paralichthys olivaceus*）：XP_019967703. 1；尖吻鲈（*Lates calcarifer*）：XP_018535640. 1；高体鱼鰤（*Seriola dumerili*）：XP_022625749. 1；斑马拟丽鱼（*Maylandia zebra*）：XP_004565673. 1；黄尾鰤（*Seriola lalandi dorsalis*）：XP_023252257. 1；点带石斑鱼（*Epinephelus coioides*）：AAO11696. 1；鲈鱼（*Dicentrarchus labrax*）：AAU00742. 1；鸡（*Gallus gallus*）：NP_001026269. 1；小鼠（*Mus musculus*）：NP_032921. 1；人（*Homo sapiens*）：NP_068770. 2。

结果显示泰国斗鱼与鱼类共聚成一簇，与其他生物距离稍远，其中与点带石斑鱼、高体鱼鰤、黄尾鰤、斑马拟丽鱼、尖吻鲈亲缘关系最近，与莫桑比克罗非鱼、布氏新亮丽鲷、尼罗罗非鱼、条斑星鲽、伯氏朴丽鱼、鲈鱼、牙鲆亲缘关系稍远，与鸡、小鼠和人的亲缘关系较远。

8.2.4　泰国斗鱼 *pomc* 基因的组织表达

通过提取上述泰国斗鱼总 RNA，运用 RACE 法克隆获得 *pomc* 基因全长，并利用泰国斗鱼 *pomc* 基因的特异引物，并以 *β-actin* 基因作为内参进行组织分布的半定量检测。得到结果如图 8-4 所示。

利用 RT-PCR 半定量的方法分析 *pomc* 在泰国斗鱼雌雄个体不同组织中的表达情况结果显示，*pomc* 在雌雄的组织表达中存在明显的差异。在雄鱼中，该基因只在脑和垂体表达，其他组织都不表达；在雌鱼中，*pomc* 在脑表达最明显，在垂体有检测到较低表达信号，在肾脏和性腺中检测到微弱的表达信号，在其他组织表达中，如脾脏、心脏、肠、肝脏、肌肉中没有信号。

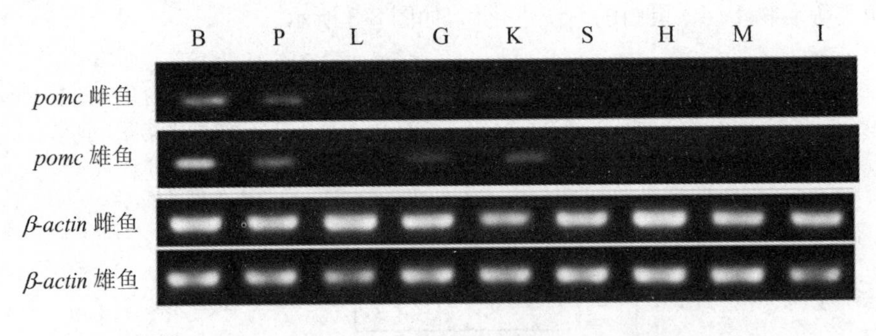

图 8-4　泰国斗鱼 *pomc* 基因在不同组织中的表达情况

B 为脑，P 为垂体，L 为肝脏，G 为性腺，K 为肾脏，S 为脾脏，H 为心脏，M 为肌肉，I 为肠，*β-actin* 基因为内参对照。

8.3　讨　　论

本实验发现在 *pomc* 基因序列中存在保守区域的两个结构域，根据全序列分析，发现在泰国斗鱼的 *pomc* 中也存在相同的结构域，暗示该基因可能与同物种的相同基因发挥相似的功能，根据氨基酸序列的比较，鱼类 *pomc* 的 α-MSH、CLIP、β-MSH 和 β-EP 结构域保守性较高，而信号肽、NPP 和 γ-LPH 结构域的保守性较低。泰国斗鱼与其同源生物的氨基酸序列进行比对，发现泰国斗鱼与尖吻鲈、莫桑比克罗非鱼、尼罗罗非鱼、高体鱼鰤具有较高的氨基酸序列同源性，但是与鸡、小鼠、人的氨基酸序列同源性较低，结果表明泰国斗鱼的 *pomc* 和其他鱼类的 *pomc* 基本结构一致，说明泰国斗鱼的 *pomc* 基因在进化上还是相对保守的，也预示着生理功能在进化过程中的保守。

分析泰国斗鱼及其他脊椎动物 Pomc 蛋白的系统进化关系，从进化树的结果来看，哺乳类 Pomc 聚成一类，泰国斗鱼的 Pomc 与其他鱼类的 Pomc 聚类。其中与点带石斑鱼、高体鱼鰤、黄尾鰤、斑马拟丽鱼、尖吻鲈亲缘关系最近；与鸡、小鼠、人处于不同分支，亲缘关系较远。这个结果表明鱼类的 *pomc* 基因在长期的进化适应过程中，在不同的进化分支以及不同生物间，其功能也可能发生适应性的变化，因此在接下来的实验研究中，需要继续拓展发现 *pomc* 的作用，完善其进化树的分支。

根据泰国斗鱼 *pomc* 基因雌雄个体中的表达情况，*pomc* 的表达显示出了明显的组织表达特异性，预示了 *pomc* 具有雌雄功能的差异以及多种生理调节的功能。在泰国斗鱼的雌雄鱼中，*pomc* 在脑中的表达量均较高，表明 *pomc* 基因在上游神经系统中的重要生理功能，这一结果与许多鱼类相同，例如与点带石斑鱼、金钱鱼和鲶鱼的研究具有一致性。另外，在此次实验研究中还发现 *pomc* 基因在精巢中具有很少的表达，在卵巢中检测的表达信号极其微弱，这与虹鳟的性腺 *pomc* 基因的表达情况不相一致，从而表明泰国斗鱼 *pomc* 基因可能在不同的鱼类中控制着不同组织或器官的表达，并且可能对不同鱼类的生理影响不尽相同。在鲤鱼中，*pomc* 基因在脑部有高度表达，表明 *pomc* 基因主要作为上游神经内分泌调控因子。此外，泰国斗鱼 *pomc* 和斑点叉尾、舌齿鲈和虹鳟一样，在头肾、性腺、中肾和肝中均有表达。其中，Karsi 等认为 *pomc* 在头肾中表达，可能与头肾具免疫功能有关；但目前，关于 *pomc* 在鱼类性腺中的表达，具体功能尚未明确，有待后续研究，可能与繁殖调控具有一定关联。而在此次实验研究中，后续还有更多的实验研究需要开展，才能进一步阐明泰国斗鱼 *pomc* 基因在生物体中的具体作用机制，以及其在生理调控中的确切功能。

参考文献

[1] 刘小红. 稀有鮈鲫(*Gobiocypris rarus*)脑垂体结构及 *pomc* 基因 cDNA 序列克隆和分析[J]. 西南大学学报，2010(6)：23-29.

[2] 史学营，徐永江，武宁宁，等. 半滑舌鳎(*Cynoglossus semilaevis*)体表色素细胞观察及 Pomc 表达特性分析[J]. 渔业科学进展，2015(2)：7-9.

[3] Alrubaian J, Danielson P, Fitzpatrick M, et al. Cloning of a second proopiomelanoeortin cDNA from the pituitary of the sturgeon, Acipenser transmontanus [J]. Peptides, 1999, 20(4): 431-436.

[4] Arends R J, Vermeer H, Martens G J, et al. Cloning and expression of two proopiomelanoeortin mRNAs in the common carp (*Cyprinus carpio* L.) [J]. Mol Cell Endocrinol, 1998, 143(1-2): 23-31.

[5] Cerritelli S, Hirschberg S, Hill R, et al. Activation of Brain stem Proopiomelanocortin neurons produces opioidergic analgesia, bradycardia and bradypnoea

[J]. PLoS ONE, 2016, 11(4): e0153187.

[6] Gonzalez Nunez V, Gonzalez Sanniento R, Rodriguez R E. Identification of two Proopiomelanoeortin genes in zebrafish (*Danio rerio*) [J]. Mol Brain Res, 2003, 120(1): 1-8.

[7] Heinig J A, Keeley F W, Robson P, et al. The appearance of proopiomelanocortin early in vertebrate evolution: Cloning and sequencing of Pomc from a lamprey pituitary cDNA library [J]. General and Comparative Endocrinology, 1995.

[8] Johnsen H, Tveiten H, Torgersen J S, et al. Divergent and sex-dimorphic expression of the paralogs of the Sox9-Amh Cyp19a1 regulatory cascade in developing and adult Atlantic cod (Gadusmorhua) [J]. Molecular Reproduction and Development, 2013, 80(5): 358-370.

[9] Karsi A, Waldbieser G C, Small B C, et al. Molecular cloning of proopiomelanocortin cDNA and multi-tissue mRNA expression in Channel catfish [J]. Gen Comp Endocrinol, 2004, 137(3): 312-321.

[10] Lee J, Danielson P, Sollars C, et al. Cloning of a neoteleost (*Oreoehromis mossambicus*) Proopiomelanoeortin (Pomc) cDNA reveals a deletion of the gamma melanotropin region and most of the joining peptide region: implications for Pomc processing [J]. Peptides, 1999, 20(12): 1391-1399.

[11] Nakanishi S, Inoue A, kita T, et al. Nucleotide sequence of cloned cDNA for bovine corticotrophin-beta-lipotropic pre-cursor [J]. Nat Mater, 1979, 278(5703): 423-427.

[12] Pritehard L E, Tumbull A V, White A. Proopiomelanoeortin Proeessing in the hypothalamus: impact on melanoeortin signaling and obesity [J]. J Endocrinol, 2002, 172: 114-121.

[13] Raffan E, Dennis R J, O'Donovan C J. A Deletion in the canine pomc gene is associated with weight and appetite in obesity-prone labrador retriever dogs [J]. Cell Metab, 2016, 23(5): 893-900.

[14] Wei P. The research progresses on the regulation of pituitary and extrapituitary *pomc* gene expression [J]. Foreign Medical Sciences: Section of Endocrinology, 2001, 21(1): 39-41.

第 9 章　泰国斗鱼 *igf2* 基因 cDNA 的克隆及表达分析

胰岛素样生长因子(insuline-like growth factors,IGFs)是一类代谢功能和胰岛素相似的多肽,与胰岛素原在结构上类似而得名。IGF2 是胰岛素样生长因子家族成员之一,并被证实在脊椎动物的生长发育中发挥着关键的作用,涉及细胞增殖、分化、迁移和凋亡等调控过程。

众多研究表明,IGF2 的缺失或过度表达都会对动物的发育有严重的影响。IGF2 的过度表达可能会引起罕见的遗传综合征(Wiedemann Beckwith 综合征),并会导致过度生长、生长紊乱和增加形成肿瘤的概率。另外,哺乳动物子宫内 IGF2 的高水平表达会影响胎儿的发育,导致严重的畸形,而 *igf2* 的缺失同样会造成严重的发育缺陷。目前关于 IGF2 的生理功能研究,人们对哺乳动物类的研究比硬骨鱼类相对深入。但随着 IGF2 的生理功能不断被挖掘,以硬骨鱼为研究对象的研究也越来越受到人们的关注。自从 *igf2* 基因首次在大马哈鱼(*Oncorhynchus mykiss*)中被克隆鉴定后,又相继在多种硬骨鱼类中被克隆出来,如斑马鱼(*Danio rerio*)、双棘黄姑鱼(*Protonibea diacanthus*)、金鱼(*Carassius auratus*)、点带石斑鱼(*Epinephelus coioides*)、团头鲂(*Megalobrama amblycephala*)和欧洲鲈(*Dicentrarchus labrax*)等鱼类,并同样证实 *igf2* 在鱼类生长与发育中具有重要的生理功能,但相关的研究结果目前还是处于分子克隆鉴定、表达定量及生理指标检测等方面的初步功能验证水平。因此,有待于深入研究 *igf2* 基因在鱼类中的调控机理,进一步推进 *igf2* 基因在鱼类生理功能的研究深度,同时也需要在更多的鱼类中证实,以拓展 *igf2* 基因生理功能的研究广度。

目前,科学家们对泰国斗鱼的分子机理研究较少,各生理调控过程尚未清楚,基础生物学研究相当薄弱,有待于全面的研究及阐明。其中 IGF2 作为生长发育调控的关键因子之一,备受研究关注。本书通过分子克隆鉴定及分子基础生物学研究,对泰国斗鱼 *igf2* 基因开展初步的分子基础生物学研究,将为后续的深入探讨 IGF2 在生长发育调控中的生理功能提供参考。

9.1 材料与方法

9.1.1 实验鱼

实验用的所有泰国斗鱼均购于广东省湛江市霞山区花鸟市场。实验用鱼放在冰上深度麻醉处理后，将其脑、性腺、垂体、心脏、肌肉、肝、肾、脾和肠等组织器官取出，并立即置于液氮中保存，用于总 RNA 的提取及后续分析。

9.1.2 实验试剂

总 RNA 提取使用的是 Life 公司的 Trizol 试剂；去除基因组 DNA 和反转录分别使用的是 TOYOBO 公司的 DNase Ⅰ 和 The ReverTra Ace-α first-strand cDNA Synthesis Kit 试剂盒；MBI Fermentas 公司的 Taq 酶和载体 pTZ7R/T；其余化学试剂均为国产分析纯。

9.1.3 引物设计

通过 NCBI 基因库的序列搜索，获得其他与泰国斗鱼相近的鱼类 *igf2* 基因 cDNA 序列。通过多重比对分析，根据保守序列，设计出用于泰国斗鱼 *igf2* 基因开放阅读框全长的克隆引物(表 9-1)。

表 9-1 泰国斗鱼 *igf2* 基因的克隆与组织分布中所用到的引物

引物名称	序列	目的
igf2qf	CAAGTGAGCCCGCTGCCAG	Real-time PCR
igf2qr	TGACTACTACCATCTGCCATG	
igf2f	GTGAGCCCGCTGCCAGCC	ORF
igf2r	TACTACCATCTGCCATGGAGA	
β-actin-f	GAGAGGTTCCGTTGCCCAGAG	Internal control
β-actin-r	CAGACAGCACAGTGTTGGCGT	

9.1.4 总 RNA 提取

按照 Trizol 试剂(Life Technologies，USA)说明书的要求操作，从－80 ℃冰箱

中取出冻存的样品(泰国斗鱼的脑、垂体、性腺、心脏、肝脏、肾脏、脾脏和肌肉)50～100 mg,加入 1 mL Trizol 试剂,利用注射器将各组织充分捣碎匀浆,室温静置 5 min,令细胞裂解。随后转入 1.5 mL 离心管中,加入 200 μL 氯仿抽提,剧烈振荡 15 s,室温静置 15 min,以便使溶液分层。将上述的离心管置于冰冻离心机中,4 ℃,12 000 r/min 条件下,离心 15 min。离心后将上清液转移至另一个干净的1.5 mL离心管中,加入 500 μL 异丙醇,充分振荡混匀溶液,室温静置 5～10 min,随后将该离心管置于离心机中,4 ℃,12 000 r/min 条件下,离心 10 min。离心后去除上清液,加入 1 mL 70%乙醇,充分振荡洗涤沉淀物。再将离心管置于离心机中,4 ℃,12 000 r/min 条件下,再离心 5 min,去除上清液。干燥约 5 min 后,加入适量 DEPC 溶液溶解 RNA。在提取总 RNA 后利用核酸测定仪和琼脂糖凝胶电泳进行浓度与完整度的检测。

9.1.5 生物信息学分析

利用 ORF Finder 在线工具预测泰国斗鱼 *igf2* 基因的开放阅读框序列;采用 Clustal X 对泰国斗鱼和其他物种的 IGF2 的氨基酸序列进行氨基酸序列多重比对;使用 Mega 6.06 软件中邻位相连算法(Neighbor-joining)构建泰国斗鱼与其他鱼类等动物 IGF2 的系统进化树。

9.1.6 组织分布

取泰国斗鱼的脑、垂体、下丘脑、心脏、肝脏、肾脏、脾脏和肌肉各组织的总 RNA 1.0 μg,根据 DNase Ⅰ的使用方法,先去除基因组 DNA,然后按照 The ReverTra Ace-α first-strand cDNA Synthesis Kit(TOYOBO,Japan)的说明书步骤,进行合成第一链 cDNA 模板。利用泰国斗鱼 *igf2* 基因的特异引物,并以 *β-actin* 基因作为内参进行组织分布的半定量检测。循环反应条件为:94 ℃预变性 4 min,94 ℃变性 30 s,58 ℃退火 30 s,72 ℃延伸 1 min,40 个循环,72 ℃延伸 1 min。取 8 μL 的 PCR 产物,进行 1.5%的琼脂糖凝胶电泳,电泳条件是:120 V,电泳 15 min。电泳结束后,利用 Tanon 2500R 凝胶成像分析系统进行分析。

9.2 结果与分析

9.2.1 泰国斗鱼 IGF2 的序列分析

从图 9-1 可知泰国斗鱼脑组织中克隆获得的泰国斗鱼 *igf2* 基因 cDNA 序列

为 989 bp,包括 184 bp 5′非编码区,147 bp 3′非编码区。利用 ORF Finder 在线工具预测,预测开放阅读框(ORF)从 185 bp 到 814 bp,共 629 bp,可编码 209 个氨基酸残基。使用 SMART 在线预测,该序列中含有 IGF2 C domain 和 zf-AD 两个功能位点。利用 Soft Berry 在线预测工具预测 *igf2* 基因的氨基酸序列的其他功能位点,结果显示含有 cAMP 和 cGMP 依赖的蛋白激酶磷酸化位点、磷酸化位点、酪蛋白激酶Ⅱ磷酸化位点和微体 C-末端的定位信号等位点。泰国斗鱼具有 IGF 家族典型的结构特征和功能位点(表 9-2)。

表 9-2 IGF2 氨基酸序列中的功能位点

功能位点	所在位置	氨基酸序列
cAMP 和 cGMP 依赖的蛋白激酶磷酸化位点	26—29	KKMS
磷酸化位点	14—16	TER
	20—22	SSR
	78—80	TSR
	115—117	SER
酪蛋白激酶Ⅱ磷酸化位点	115—118	SERD
	142—145	SKYE
微体 C-末端的定位信号	21—23	SRI
	142—144	SKY
	192—194	SKL

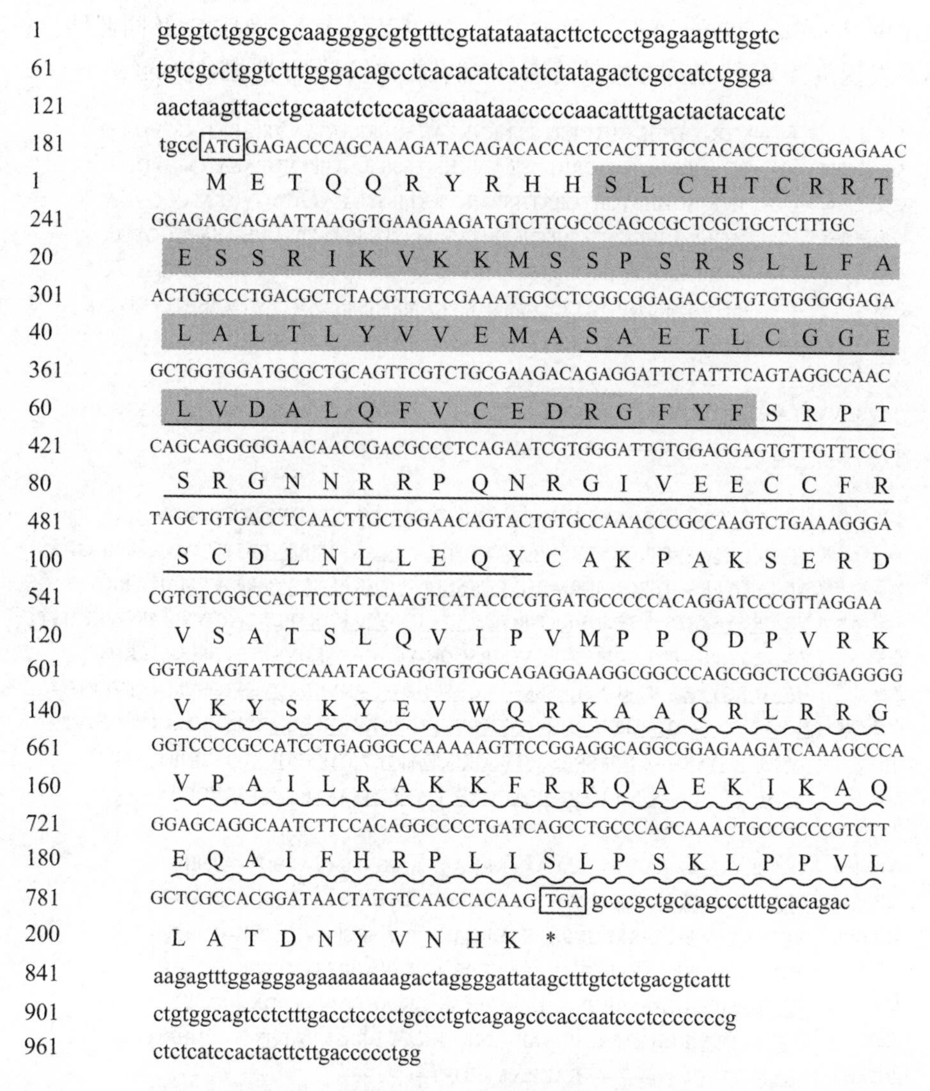

图 9-1　泰国斗鱼 *igf2* 基因的氨基酸序列

方框表示起始密码和终止密码；"＊"表示终止密码子；下划线表示 IGF domain；波浪线表示 IGF2 C domain；阴影部分表示 zf-AD 功能位点。

9.2.2　泰国斗鱼 *igf2* 的氨基酸序列比对及同源性分析

采用 Clustal X 软件对泰国斗鱼 *igf2* 与弗氏假鳃鳉(*Nothobranchius furzeri*)、贝氏隆头鱼(*Labrus bergylta*)、尼罗罗非鱼(*Oreochromis niloticus*)、花鲈(*Lateolabrax japonicus*)、黄鳝(*Monopterus albus*)、点带石斑鱼、弹涂鱼(*Boleophthalmus pectinirostris*)、鲻鱼(*Mugil cephalus*)、哥斯达黎加茎鳉(*Phallichthys tico*)、虹鳟鱼(*Oncorhynchus mykiss*)、重牙鲷(*Diplodus sargus*)、斑马鱼(*Danio rerio*)、斑点

叉尾鮰(*Ictalurus punctatus*)等鱼类 IGF2 的氨基酸多重序列比对及同源性分析，结果发现鱼类 IGF2 的同源性较高，而与哺乳类比较，保守性相对较低(图 9-2)。

```
泰国斗鱼   ---------MTR-YRHHS-CHTCRRTSSR-KVKKMSSS--RSAATYVVMASATCGGVDA
弗氏假鳃鳉 ---------MT--HRHHS-CHTCRRTNSR-KVKKMSSSS-RAATTYVDTASATCGGVDA
贝氏隆头鱼 ---------MTR-HGHHSVCHTCRRTHSRMKVKKMSSSS-RAAATY--VASATCGGVDA
尼罗罗非鱼 ---------MTR-YGHHS-CHTCRRTNSRMKVR-MSSTS-RAAATYVVMASATCGGVDA
花鲈       ---------MAR-HGHHS-CHTCRRTSSRMKVRKMSSSS-RAAATYVVVASATCGGVDA
黄鳝       ---------MTR-HGRHS-CHTCRRTSSRMKVKKMSSSSRSAAVTYVVMASATCGGVDA
点带石斑鱼 ---------MTR-YGHHS-CHTCRRTSSRMKVKKMSSSS-RAAATYV-VASATCGGVDA
人
MVSDVVATASMVRTDGVTWVGRKGRRTVSSAMTMGMGKSM-VTAASCCAAYRSTCGGVDT
小鼠       ------------------------------MGVGKSM-VSAA-CCAAYGGTCGGVDT
                                   .  .  .*        ******.

泰国斗鱼   VC-DRGYSR----TSRGNNRR-NRGVCCRSCDN-YCAKAKSRDVSATSVVMDV--RK---
弗氏假鳃鳉 VC-DRGYSR----TSRGNNRRSNRGVCCRSCDN-YCAKAKSRDVSATSVVMVK--GRKGT
贝氏隆头鱼 VC-DRGYSR----TSRGNNRRN-RGVCCRSCDN-YCAKAKSRDVSATSVVMAKV-RKHVT
尼罗罗非鱼 VC-DRGYSRSTSRTSRGNNRRT-RGVCCRSCDN-YCAKAKSRDVSATSVVMAKGVKKHVT
花鲈       VC-DRGYSR----TSRG-NRRN-RGVCCRSCDN-YCAKAKSRDVSATSVGMAK--RKHVT
黄鳝       VCGDRGYSR----TSRGNSRRSSRGVCCRSCDN-YCAKVKSRDVSATSGVMAKTVRKHV-
点带石斑鱼 VC-DRGYSR----TSRGSNRRNNRGVCCRSCDN-YCAKAKSRDVSATSVVMAKV-RKHVT
人         VCGDRGYSR----ASRV-SRRS-RGVCCRSCDATYCATAKSRDVST-TVDNRY------V
小鼠       VCSDRGYSR----SSRA-NRRS-RGVCCRSCDATYCATAKSRDVSTSAVDDRY------V
           ** ******      **    **  *********   ***  ******..

泰国斗鱼   VKYSKYVWRKAARRRGVARAK--KRRAKKAA-HRSSKVATDNY---VNHK
弗氏假鳃鳉 VKYKYDVWRKAARRRGVARAK--KRRAKKAR-HRSTKVHTMDN---VNHK
贝氏隆头鱼 VKYSKYVWRKAARRRGVSRAK--KRRAKKAHAHRSSKVTTDNY---VNHK
尼罗罗非鱼 VKYSKYVWRKAARRRGVARARKYKRHAKKAKAHRSSKVTTDN----VSHK
花鲈       VKYSKYMWRKAARRRGVAAKR--NRRAKKARAHRSSKVTADNY---VNHK
黄鳝       TKYSKCVWRKAARRRGVARAK--KRRAKKAA-HRSSKVATNNY---VHHK
点带石斑鱼 VKYSKYVWR---------------RAKKAAVHHRT-------------
人         GKYD--TWKST-RRRG-ARARRGHVAKARAKRHRATDAHGGA--MASNRK
小鼠       GKYD--TWRSAGRRRG-ARARRGRMAKKRAKRHRVKDAHGGASSMSSNH-
            **    *.                 .   *.
```

图 9-2　泰国斗鱼 IGF2 与其他物种 IGF2 氨基酸多重序列比对

以上各物种的 *igf2* 基因在 NCBI 的登录号为：弗氏假鳃鳉(*Nothobranchius furzeri*)：AGY80125.1；贝氏隆头鱼(*Labrus bergylta*)：XP_020497286.1；尼罗罗非鱼(*Oreochromis niloticus*)：ACX31792.1；花鲈(*Lateolabrax japonicus*)：AEX60713.2；黄鳝(*Monopterus albus*)：XP_020469445.1；点带石斑鱼(*Epinephelus coioides*)：AAV34197.1；人(*Homo sapiens*)：NP_001121070.1；小鼠(*Mus musculus*)：AAH58615.1。相同氨基酸序列用方框阴影表示；“—”表示此位置无此氨基酸。

9.2.3　泰国斗鱼 *igf2* 的系统进化树分析

使用 Mega 6.06 软件中邻位相连算法(neighbor-joining)构建泰国斗鱼与其他鱼类等动物 *igf2* 的系统进化树，结果显示(图 9-3)：泰国斗鱼的 *igf2* 与哥斯达黎加茎鲋、重牙鲷、点带石斑鱼、贝氏隆头鱼、花鲈、尼罗罗非鱼等鱼类共聚类。其中与哥斯达黎加茎鲋的亲缘关系最近较近。

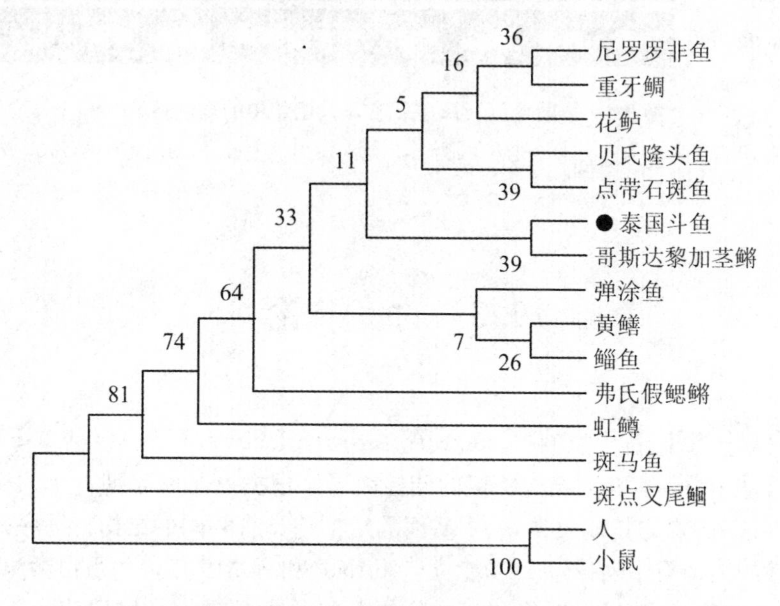

图 9-3　泰国斗鱼和其他物种的 *igf2* 基因的系统进化树

以上各物种的 *igf2* 基因在 NCBI 的登录号为：尼罗罗非鱼(*Oreochromis niloticus*)：ACX31792.1；重牙鲷(*Diplodus sargus*)：BAU29955.1；花鲈(*Lateolabrax japonicus*)：AEX60713.2；贝氏隆头鱼(*Labrus bergylta*)：XP_020497286.1；点带石斑鱼(*Epinephelus coioides*)：AAV34197.1；哥斯达黎加茎鲋(*Phallichthys tico*)：ABC60248.1；弹涂鱼(*Boleophthalmus pectinirostris*)：XP_020786822.1；黄鳝(*Monopterus albus*)：XP_020469445.1；鲻鱼(*Mugil cephalus*)：AAR06904.1；弗氏假鳃鳉(*Nothobranchius furzeri*)：AGY80125.1；虹鳟(*Oncorhynchus mykiss*)：NP_001118169.1；斑马鱼(*Danio rerio*)：AAF07193.1；斑点叉尾鮰(*Ictalurus punctatus*)：AY615885.1；小鼠(*Mus musculus*)：AAH58615.1；人(*Homo sapiens*)：NP_001121070.1。

9.2.4　泰国斗鱼 *igf2* 基因的组织表达

按照图 9-4 的结果，泰国斗鱼 *igf2* 基因在雌雄组织中的表达存在着明显差异。在雄鱼中，*igf2* 基因主要在肝脏、肾脏和垂体组织中表达，在肝脏中的表达最高；在雌鱼中，*igf2* 基因主要在脑和垂体中高表达，在脾脏、肌肉和肠中有微量的表达。无论在雌性或者雄性个体中，*igf2* 基因在垂体都有较高的表达量，而在性腺中都没有检测到表达信号。

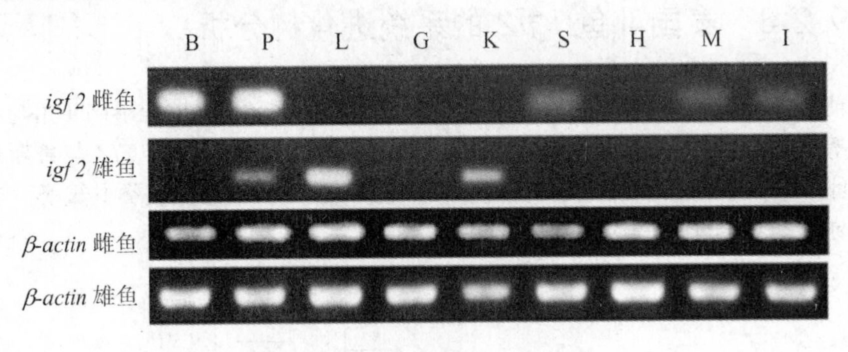

图 9-4　泰国斗鱼 *igf2* 基因在不同组织中的表达情况

B 为脑，P 为垂体，L 为肝脏，G 为性腺，K 为肾，S 为脾脏，H 为心脏，M 为肌肉，I 为肠，*β-actin* 为基因内参对照。

9.3　讨　　论

胰岛素样生长因子家族（insulin-like growth factors，IGFs）包括 IGF1、IGF2 和 IGF3，是一类具有共同结构特征的调控因子。根据氨基酸序列对比的结果，发现泰国斗鱼 *igf2* 与其他鱼类 *igf2* 基因的结构均具有共同的结构特征序列，包含了特征性的结构与序列（zf-AD 功能位点、cAMP 和 cGMP 依赖的蛋白激酶磷酸化位点、磷酸化位点、酪蛋白激酶Ⅱ磷酸化位点和微体 C-末端的定位信号等），各功能位点相当保守，从而显示出泰国斗鱼 IGF2 在进化上具有显著的保守性。

分析泰国斗鱼和其他物种的系统进化关系，从进化树的结果来看，泰国斗鱼 IGF2 与哥斯达黎加茎鳉的亲缘关系最近，其次才到重牙鲷、点带石斑鱼、花鲈和尼罗罗非鱼等同为鲈形目鱼类。哥斯达黎加茎鳉与泰国斗鱼属于不同目的鱼类，在遗传进化中相比同目鱼类的亲缘关系应该较远，但进化树分析结果与理论有所偏差，类似的偏差结果在其他基因中同样存在，但具体的差异原因有待后续研究分析。不过从整个 IGF2 分子系统进化树进化来看，还是符合物种起源的进化地位，与鱼类的亲缘关系较近，与哺乳类的亲缘关系较远。

基于 *igf2* 基因在泰国斗鱼雌雄个体的组织情况，在不同组织中显示出明显的组织表达特异性。在雄鱼中，*igf2* 基因只在肝脏，肾脏和垂体中表达，其他检测组织中检测不到表达信号，显示出 *igf2* 在组织表达过程中的局限性及组织特异性，与在其他鱼类中的广泛性表达模式不同；在雌鱼中，*igf2* 的表达比在雄鱼中更广泛一些，但在肝脏中检测不到表达信号，与在其他鱼类中的结果同样存在着显著的差异。根据目前的研究观点，IGF2 主要的来源与功能发挥组织是在肝脏，并且在其他脊椎动物中,IGF2 在肝脏中均是高表达因子。另外,在其他鱼类中,*igf2* 在性腺中同样是高表达的,但在泰国斗鱼中,雌雄性腺均检测不到表达信号,显示出显著的物种特异性。因此,可以推断在泰国斗鱼中,实现 IGF2 在雌性肝脏和性腺中的生理功能,是由其他 IGF 亚型来执行,如 IGF1 或 IGF3,从中表明泰国斗鱼 IGF 系统在生理调节功能方面具有明确的分工。

本书从泰国斗鱼中克隆鉴定出 *igf2* 基因开放阅读框 cDNA 序列全长,并开展了氨基酸序列分析及在雌雄个体不同组织中的表达模式研究。研究结果表明泰国斗鱼 IGF2 序列结构具有较高的保守性,其组织表达具有显著的组织特异性及性别差异性。本研究为深入探讨 *igf2* 基因的分子进化及生理功能提供了初步的研究基础。

参考文献

[1] 华益民,林浩然.胰岛素样生长因子(IGFs)研究概况[J].中山大学学报(自然科学版),1996(S2):109-114.

[2] 林权卓,沈卓坤,杨宪宽,等,双棘黄姑鱼 *igf2* 基因克隆及其在卵巢发育中的作用研究[J].广东农业科学,2015(3):119-130

[3] 彭凤兰,罗琛.金鱼胰岛素样生长因子 2 基因克隆与组织表达[J].湖南师范大学学报(自然科学版),2007(2):103-107.

[4] 袁洁怡,贺超,洪广,等.雄激素诱导泰国斗鱼雄性化研究[J].海南热带海洋学院学报,2018,25(2):13-19.

[5] 杨慧荣,赵会宏,陈彦珍.胰岛素样生长因子 IGF 系统与鱼类性腺的研究进展[J].动物学杂志,2013(2):306-313.

[6] DeChiara T M,Efstradiatis A,Robertson E J. A growth-deficiency phenotype in heterozygous mice carrying an insulin- like growth factor II gene disrupted by targeting[J]. Nature,1990,345:78-80.

[7] Han V K M,D'Ercole J,Lund K P. Cellular localization of the somatomedin (insulin- like growth factor) messenger RNA in the human fetus[J]. Science,2005,236:193-197.

[8] Weber G M,Sullivan C V. Effects of insulin-like growth factor-Ⅰ on in vitro final oocyte maturation and ovarian steroidogenesis in striped bass, Morone saxatilis [J]. Biology of Reproduction,2000,63(4):1049-1057.

[9] Yang H,Chen H,Zhao H,et al. Molecular cloning of the insulin-like growth factor 3 and difference in the expression of igf genes in orange-spotted grouper (*Epinephelus coioides*)[J]. Comparative Biochemistry and Physiology,2015,

186:68-75.

[10] Zou S, Kamei H, Modi Z, et al. Zebrafish IGF Genes: Gene Duplication, Conservation and Divergence, and Novel Roles in Midline and Notochord Development[J]. PLoS ONE, 2009, 4(9): e7026.

[11] Zeng C, Liu X, Wang W, et al. Characterization of GHRs, IGFs and MSTNs, and analysis of their expression relationship in blunt snout bream, *Megalobrama amblycephala*[J]. Gene, 2014, 535(2): 239-249.

第10章　泰国斗鱼神经肽Y(NPY)基因的克隆及表达分析

神经肽Y,又名神经肽酪氨酸(neuropeptide tyrosine,NPY),由瑞典科学家Tatemoto等于1982年从猪脑中首次分离出来的,由于其在摄食调控中的关键性作用,引起了人们广泛的关注。随后相继在小鼠、人类、鸟类和鱼类等物种中发现,并开展了深入的功能研究。NPY由36个氨基酸残基组成,并且在进化上十分保守,其有两个螺旋区,二者互相逆平行,螺旋与螺旋之间通过疏水作用力维持其三级结构的稳定。NPY的C端以及N端都有酪氨酰胺残基和酪氨酸残基,NPY的C端发生酰基化后会影响其生物活性,N端能够与受体结合,在维持NPY的稳定三级结构中发挥重要作用。当其三级结构受到影响时,NPY的生理学活性也会受到影响。胰多肽家族除了NPY外,还包括神经肽YY(PYY)、四足动物的胰多肽(PP)和鱼胰多肽Y等,它们在结构上非常相似。

研究数据表明,NPY是一种内源性的摄食刺激因子,在促进动物摄食方面发挥着至关重要的作用。它在摄食调节的关键环节起作用,当机体饥饿时,下丘脑弓状核神经原会增加NPY的合成,并传到视旁核,最终作用在饱食中枢,强有力地刺激动物进食。向多种动物例如大鼠、小鼠、猪等脑中注射NPY可引起食欲增加,Toshihiro等的研究发现,当大鼠脑中大量表达*npy*后,再喂以相对较高糖含量的食物,大鼠个体会迅猛增长。鱼类的NPY与摄食也有着紧密的联系,注射NPY到鲫鱼的侧脑室会导致鲫鱼的摄食量大大增加;注射lrptin到金鱼的双侧脑室,并与注射生理盐水的金鱼比较发现,金鱼的食欲出现大大下降,但是注射NPY的金鱼的食欲与注射了食欲激素A的金鱼食欲一样增加。

NPY在鱼类中能够刺激垂体释放生长激素GH。有研究显示,NPY关于GH的功能调节是通过反馈调节机制来完成的。生长激素释放激素(GHRH)、生长抑素(SS)以及自身的反馈调节都影响GH的分泌。研究发现NPY神经元与生长抑素神经元一样存在GH受体,并且GH可以使NPY神经元的早期应激基因表达。据此推测NPY与GH的反馈调节有关。

NPY还能抑制动物褐色脂肪中交感神经冲动,降低产热和耗能,进一步提高脂肪组织中脂蛋白脂酶的活性以及乙酰辅酶A羧化酶的活性,刺激并生成脂肪,达到储能的功效,促进体重增加。NPY对于性行为的调节是通过下丘脑—垂体—

性腺轴这一途径，刺激鱼类促性腺激素Ⅱ(GtH-Ⅱ)的产生和释放，对于可以发生性逆转现象的鱼类，NPY甚至能够诱导性腺的转变。在鱼类性腺的发育过程中，下丘脑分泌的促性腺激素释放激素GnRH，促进脑下腺分泌促性腺激素GtH，GtH对于鱼类性腺的发育成熟和生殖细胞的发生、发育、成熟及排放都具有十分重要的调节作用。研究实验结果显示，在金鱼和鳟鱼的腹腔注射了NPY后，与对照组比较，金鱼和鳟鱼的血清中GtH-Ⅱ大幅度升高，当GtH-Ⅱ超过诱发性逆转所需的阈值时则会引起性逆转。

鱼类的生命活动与NPY紧密相关。在对脑组织NPY的研究中发现，鱼的摄食将使*npy*表达水平发生显著改变。在其他因素不变的条件下，饥饿时间越长，*npy*在脑组织中的表达水平越高，重新投喂饵料后，*npy*表达水平快速下降直至恢复正常水平。在硬骨鱼类中，NPY促进鱼类的下丘脑分泌促性腺激素释放激素。在对香鱼的NPY研究中发现，NPY免疫阳性纤维与视前区的GnRH分泌细胞的部位十分接近甚至并排连接，这提示NPY和GnRH与调节下丘脑垂体的促性腺功能有关。点带石斑鱼*npy* mRNA的组织表达分布结果显示，在中枢神经系统及外周组织中均出现有*npy*的表达，未受精至胚胎发育桑葚胚期检测出没有*npy*的表达，囊胚期胚胎至神经期胚胎仅表达少量，期后至50 d仔鱼能够检测到*npy*大量表达，表明NPY对点带石斑鱼的胚胎发育起促进作用。更有研究结果指出，NPY免疫阳性物质可能作为脑内的一种神经递质，在文昌鱼的神经系统和哈氏窝参与调节促性腺激素分泌细胞的分泌活动。

目前，*npy*基因已经在金鱼、虹鳟、点带石斑鱼、罗非鱼、鲈鱼、大西洋鳕鱼、象鲨鱼、鳗鲡和牙鲆等鱼类中克隆鉴定出来，并展开了组织分布相关的研究。在众多的结果中发现，*npy*的组织分布具有明显的共性，但也存在着物种的差异性。*npy*在鲈鱼脑中的表达最高，其次为肾脏和肝脏，其他组织表达量相对较低。而在点带石斑鱼中，*npy*除了在脑中高表达外，在眼睛、胸腺、胃和卵巢中的表达量也较高；*npy*在鳗鲡外周组织的表达也存在组织差异性，性腺和肠的表达量较高，而脾脏和胃的表达量较低；在牙鲆中，只在脑中检测到*npy* mRNA的表达。从以上研究中可以看出，作为神经内分泌调控因子的*npy*主要表达于中枢神经系统，而在外周组织中的分布具有明显的物种差异性。这可能是由于鱼类的种类繁多，而且生理特性具有多样性，从而导致不同鱼类之间的*npy*的表达分布同样存在着差异，因此，为了更好地了解鱼类*npy*的生理功能，需要在更多的鱼类中进行拓展研究，获得更多*npy*的组织表达情况后，才能从差异中发现更多的共性结果。

如何建立一种好的喂养模式是目前要攻克的一大难题，而对泰国斗鱼内分泌机理的研究至关重要。本书以泰国斗鱼为研究对象，利用现代分子克隆技术手段，克隆鉴定出泰国斗鱼神经肽Y的cDNA序列，并开展了序列分析及组织分布研究，为探讨*npy*基因在泰国斗鱼中的生理功能提供一些研究经验和基础。

10.1　材料和方法

实验材料

1. 实验鱼

本实验用到的泰国斗鱼购于广东省湛江市霞山区的花鸟交易市场,在冰上经过深度的麻醉后,将其性腺、脑、垂体、肌肉、心脏、肝、肾、脾、肠等组织器官取出,并立即置于液氮保存,用于总RNA提取.

2. 实验试剂

总RNA提取使用的是Trizol试剂(Life Technologies,USA);去除基因组DNA用的DNase Ⅰ和反转录用的The ReverTra Ace-α first-strand cDNA Synthesis Kit试剂盒(TOYOBO,Japan);基因克隆用的是Smart-RACE试剂盒(Takara,Japan);Taq酶和载体pTZ7R/T购于中国天根公司;质粒提取和胶回收试剂盒为中国东盛公司产品,其他实验过程中所用到的化学试剂都为国产分析纯。

3. 引物

通过NCBI基因库的序列搜索,获得其他相近鱼类*npy*基因cDNA序列。通过比对分析,根据保守序列,设计出用于泰国斗鱼*npy*基因的Smart-RACE克隆的引物(表10-1)。

表10-1　泰国斗鱼*npy*基因的克隆与定量分析中所用到的引物

基因	目的	引物	序列
npy	5′ RACE PCR	NPY-5R1(第一轮)	GATGAGGTTGATGTAGTGTCTC
		NPY-5R2(第二轮)	CGTCCTCCCCGGGGTTCTCC
	3′ RACE PCR	NPY -3F1(第一轮)	TGTAAATAGTTTATTCAGAG
		NPY -3F2(第二轮)	GTTGATTGTATTGTATAATTGTG
	开放阅读框克隆	F1	TCTCCCCGTTGACCCTCTGG
		R1	GAGGTCCAGCCAACACCGATG
	组织分布分析	Q-F	AGGGATACCCGGTGAAAC
		Q-R	CTGCCTTGTAATGAGGTTGATG
β-actin	组织分布分析	F	GAGAGGTTCCGTTGCCCAGAG
		R	CAGACAGCACAGTGTTGGCGT

4. 总RNA提取

根据Trizol试剂说明书的要求操作,利用注射器将各组织捣碎匀浆。提取总

RNA 后利用核酸测定仪和琼脂糖凝胶电泳进行浓度与完整度的检测。

5. 分子克隆

利用泰国斗鱼全脑的总 RNA 作为模板,根据 Smart-RCAE 试剂盒(Takara,Japan)的操作步骤,合成 *npy* 基因 5′端和 3′端的第一链 cDNA,通过序列重合来拼接,获得 cDNA 序列全长。然后设计开放阅读框全长,设计全长特异引物进行全长验证。

6. 序列分析

利用 DNAtools 6.0 软件预测出泰国斗鱼 *npy* 基因的开放读码框(open reading frame,ORF),并翻译成相应的氨基酸序列。用 NCBI blast 比对软件对不同脊椎动物的 NPY 蛋白前体序列进行同源性分析。利用 SignalIP 3.0 网站上预测基因的信号肽。clustalx 1.8 和 Mega 4.0 的软件构建蛋白的系统进化树。

7. 组织分布

取泰国斗鱼各组织的总 RNA 1 μg,根据 DNase Ⅰ 的使用方法,先去除基因组 DNA,然后按照 The ReverTra Ace-α first-strand cDNA Synthesis Kit(TOYOBO,Japan)的说明书合成第一链 cDNA 模板。利用泰国斗鱼 *npy* 基因的特异引物(表 10-1),并以 *β-actin* 基因作为内参进行组织分布的半定量检测。反应体系为 25 μL,循环反应条件为:94 ℃预变性 4 min,94 ℃变性 30 s,58 ℃退火 30 s,72 ℃延伸 1 min,40 个循环,72 ℃延伸 1 min,取 8 μL 的 PCR 产物,进行 1%的琼脂糖凝胶电泳,利用 Tanon 2500R 凝胶成像分析系统进行拍照与半定量分析。

10.2 结果与分析

10.2.1 泰国斗鱼 *npy* 基因的全长 cDNA 序列

利用 Smart-RACE 分子克隆技术,从泰国斗鱼的脑组织中克隆获得泰国斗鱼 *npy* 基因 cDNA 全长序列为 506 bp,包括 36 bp 5′非编码区,170 bp 3′非编码区和开放阅读框(ORF)为 300 bp,编码了 99 个氨基酸前体蛋白,其中在 N 端含有 28 个氨基酸残基的信号肽。信号肽之后紧接着是 36 个氨基酸残基组成的 NPY 成熟肽。

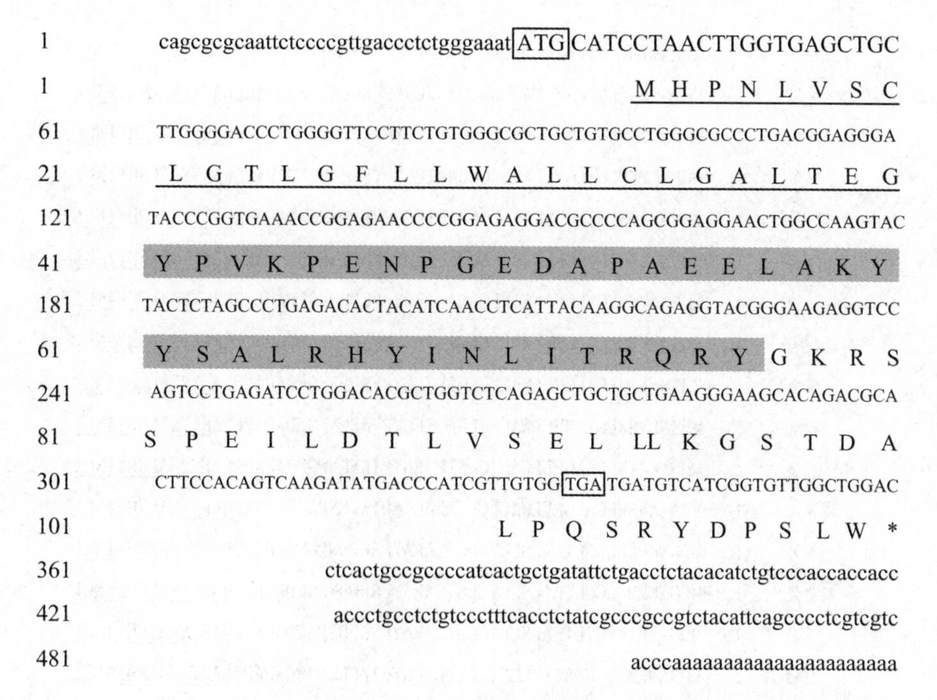

图 10-1　泰国斗鱼 *npy* 基因的 cDNA 序列及其氨基酸序列

起始密码子和终止密码子用方框标示；前体蛋白信号肽用下划线表示；NPY 的 36 个氨基酸成熟肽序列用粗体与灰色背景表示。

10.2.2　泰国斗鱼 NPY 的氨基酸序列比对及同源性分析

不同物种的 NPY 蛋白前体氨基酸序列比对分析显示，各物种 NPY 蛋白前体的大小与氨基酸残基数目相似，但保守性较低（图 10-2）。从低等的鱼类到高等的人类的 NPY 蛋白前体氨基酸序列，NPY 成熟肽的氨基酸序列显示出较高的保守性。泰国斗鱼 NPY 蛋白前体的氨基酸序列与已知的其他物种的 NPY 序列进行同源性分析显示，泰国斗鱼 NPY 与鲈鱼 NPY 的氨基酸同源性最高，达到 97%；与罗非鱼和青鳉鱼的同源性分别达到 94%和 92%；与鸡、小鼠和人的同源性均达到 70%以上，但与斑马鱼、金鱼和黄颡鱼等少数鱼类的同源性只有 60%左右（表10-2）。

```
泰国斗鱼      1  -MHPNLVSCLGTLGFLLWALLCLGALTEGYPVKPENPGEDAPAEELAKYYSALRHYINLI
鲈鱼          1  -MHPNLVSWLGTLGFLLWALLCLGALTEGYPVKPENPGEDAPAEELAKYYSALRHYINLI
军曹鱼        1  -MHPNLVSWLGTLGFLLWALLCLGALTEGYPVKPENPGEDAPAEELAKYYSALRHYINLI
鲕鱼          1  -MQPNLVSWLGTLGFLLWALLCLGALTEGYPVKPENPGEDAPAEELAKYYSALRHYINLI
点带石斑鱼    1  -MHPNLVSWLGTLGFLLWALLCLGALTEGYPVKPENPGDDAPAEDLAKYYSALRHYINLI
美洲拟鲽      1  -MHPNLVSWLGTLGLLLWALLCLSALTEGYPMKPENPGEDAPAEDLAKYYSALRHYINLI
波纹唇鱼      1  -MHPNLVSWLGTLGFLLWALLCLSALTEGYPVKPENPGEDAPAEELAKYYSALRHYINLI
多育苔花鳉    1  -MHPNLVSWLGTLGFLLWALVCLGALTEGYPVKPENPGEDAPAEELAKYYSALRHYINLI
鳜鱼          1  -MHTSLVSWLGTLGFLLWALLCLGALTEGYPVKPENPGEDAPAEELAKYYSALRHYINLI
黄鳝          1  -MHPNLVSWLGTLGFLLWALLCLGALTEGYPVKPENPGEDAPAVELAKYYSALRHYINLI
大西洋鳕鱼    1  -MHSNLATWLGALGFLLCALICLGTLTEGYPIKPENPGEDAPADELAKYYSALRHYINLI
虾虎鱼        1  -MLANAWSWLGSLGLVLWALLCLSALAEGYPIKPENPGDDAPAEELAKYYSALRHYINLI
人            1  -MLGNKRLGLSGLTLALSLLVCLGALAEAYPSKPDNPGEDAPAEDMARYYSALRHYINLI
褐家鼠        1  MMLGNKRMGLCGLTLALSLLVCLGILAEGYPSKPDNPGEDAPAEDMARYYSALRHYINLI
鸡            1  -MQGTMRLWVSVLTFALSLLICLGTLAEAYPSKPDSPGEDAPAEDMARYYSALRHYINLI
银鲫          1  -MHPNMKMWTGWAACAFLLFVCLGTLTEGYPTKPDNPGEGAPAEELAKYYSALRHYINLI
中华倒刺鲃    1  -MHPNMKMWIGWAACAFLLFVCLGTLTEGYPTKPDNPGEDAPAEELAKYYSALRHYINLI
草鱼          1  -MHPNMKMWIGWAACAFLLFACLGTLTEGYPTKPDNPGEDAPAEELAKYYSALRHYINLI
胭脂鱼        1  -MHSYMKMWIGWAACAFLLFACLGTLTEGYPTKPDNPGEDAPAEELAKYYSALRHYINLI
斑马鱼        1  -MNPNMKMWMSWAACAFLLFVCLGTLTEGYPTKPDNPGEDAPAEELAKYYSALRHYINLI
黄颡鱼        1  -MRAN--VCVGWGACV-LLVACLCSMAEGYPTKPENPGEDAPVEELAKYYSALRHYINLI
                  *                    .  **   ::*.** **:.**:.**.  ::*:************
泰国斗鱼     61  TRQRYGKRSSPEILDTLVSELLLKGSTDALPQSRY-DPSLW
鲈鱼         61  TRQRYGKRSSPEILDTLVSELLLKESTDQLPQSRY-DPSLW
军曹鱼       61  TRQRYGKRSSPEILDTLVSELLLKESTDTLPQSRY-DPSLW
鲕鱼         61  TRQRYGKRSSPEILDTLVSELLLKESTDTLPQSRY-DPSLW
点带石斑鱼   61  TRQRYGKRSSPEILDTLVSELLLKESTDTLPQSRY-DPSLW
美洲拟鲽     61  TRQRYGKRSSPEILDTLVSELLLKESTDTLPQSRY-DPSLW
波纹唇鱼     61  TRQRYGKRSSPEILDTLVSELLLKESTDTLPHSRY-DPSLW
多育苔花鳉   61  TRQRYGKRSSPEILDTLVSELLLKESRDTLPQSRY-DPSLW
鳜鱼         61  TRQRYGKRSSPGILDTLVSELLLKESTDTIPQSRY-DPSLW
黄鳝         61  TRQRYGKRSSSEFLDTLITELLMKESTDTLPQSRY-DPSLW
大西洋鳕鱼   61  TRQRYGKRSSPEILDTLVSELVLKESANTLPQSRY-DPSLW
虾虎鱼       61  TRQRYGKRSSPELLDTLISELLLRESTDTLPQSRY-DPSLW
```

图 10-2 不同脊椎动物 NPY 蛋白前体的氨基酸序列比对

图10-2中，以上各物种的NPY蛋白前体序列在NCBI的登录号为：鲈鱼(*Dicentrarchus labrax*)：CAB64932.1；军曹鱼(*Rachycentron canadum*)：AGN03939.1；鰤鱼(*Seriolaquin queradiata*)：BAN10296.1；点带石斑鱼(*Epinephelus coioides*)：AAT48713.1；美洲拟鲽(*Pseudopleuronectes americanus*)：ACH42755.1；波纹唇鱼(*Cheilinus undulatus*)：AJP08708.1；多育苔花鳉(*Poeciliopsis prolifica*)：JAO59368.1；鳜鱼(*Siniperca chuatsi*)：ABS83815.1；黄鳝(*Monopterus albus*)：AEX97166.1；大西洋鳕鱼(*Gadus morhua*)：ABB79923.1；虾虎鱼(*Leucopsarion petersii*)：BAK09590.2；人(*Homo sapiens*)：NP_000896.1；褐家鼠(*Rattus norvegicus*)：NP_036746.1；鸡(*Gallus gallus*)：NP_990804.1；银鲫(*Carassius gibelio*)：AFB69326.1；中华倒刺鲃(*Spinibarbus sinensis*)：ABE73783.1；草鱼(*Ctenopharyngodon idella*)：AGI44276.1；胭脂鱼(*Myxocyprinus asiaticus*)：ABQ53144.1；斑马鱼(*Danio rerio*)：AAI62071.1；黄颡鱼(*Tachysurus fulvidraco*)：AGM46557.1；下划线部分为NPY成熟肽。

表10-2　泰国斗鱼NPY蛋白前体与其他物种NPY蛋白前体的同源性分析

物种	同源性
鲈鱼	97%
罗非鱼	94%
日本青鳉	92%
斑马鱼	63%
金鱼	64%
中华倒刺鲃	65%
鸡	72%
小鼠	73%
人	72%

10.2.3　泰国斗鱼NPY蛋白的系统进化树分析

利用邻接法构建泰国斗鱼等脊椎动物NPY的系统进化树(图10-3)，结果显示，鱼类的NPY蛋白分为明显的两个进化分支：一支是由泰国斗鱼、鲈鱼、军曹鱼和点带石斑鱼等绝大多数鱼类组成的，并与鸡、小鼠和人等高等脊椎动物相聚类；另一支由斑马鱼、草鱼和黄颡鱼等鱼类组成，并独立于泰国斗鱼和人等物种的聚类。根据系统进化树，泰国斗鱼的NPY与鲈鱼和军曹鱼的亲缘关系较近，但与斑马鱼、草鱼和黄颡鱼等鱼类的进化亲缘关系较远，甚至比人的亲缘关系还要远。

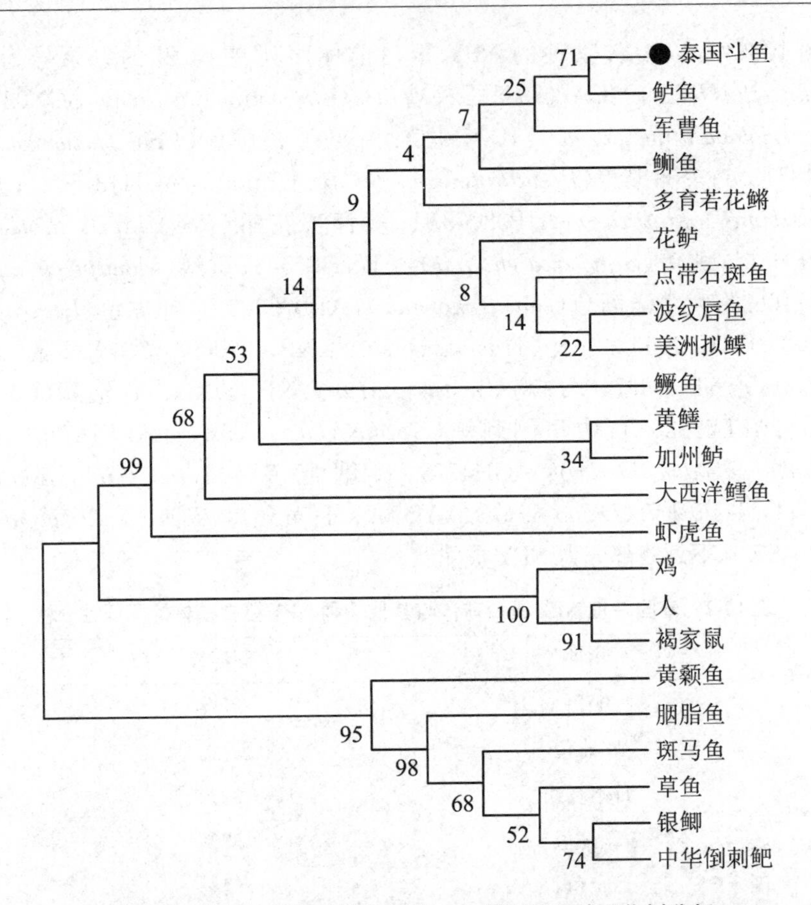

图 10-3　泰国斗鱼和其他物种的 *npy* 基因的系统进化树分析

系统树中结点处数值代表 10 000 次评估的自举检验置信度。各物种的 NPY 蛋白在 NCBI 数据库中登陆号分别为：鲈鱼（*Dicentrarchus labrax*）：CAB64932. 1；军曹鱼（*Rachycentron canadum*）：AGN03939. 1；鰤鱼（*Seriolaquin queradiata*）：BAN10296. 1；多育若花鳉（*Poeciliopsis prolifica*）：JAO59368. 1；花鲈（*Lateolabrax japonicus*）：AIK01745. 1；点带石斑鱼（*Epinephelus coioides*）：AAT 48713. 1；波纹唇鱼（*Cheilinus undulatus*）：AJP08708. 1；美洲拟鲽（*Pseudopleuronectes americanus*）：ACH42755. 1；鳜鱼（*Siniperca chuatsi*）：ABS83815. 1；黄鳝（*Monopterus albus*）：AEX97166. 1；加州鲈（*Micropterus salmoides*）：ALC04308. 1；大西洋鳕鱼（*Gadus morhua*）：ABB79923. 1；虾虎鱼（*Leucopsarion petersii*）：BAK09590. 2；鸡（*Gallus gallus*）：NP_990804. 1；人（*Homo sapiens*）：NP_000896. 1；褐家鼠（*Rattus norvegicus*）：NP_036746. 1；黄颡鱼（*Tachysurus fulvidraco*）：AGM46557. 1；胭脂鱼（*Myxocyprinus asiaticus*）：ABQ53144. 1；斑马鱼（*Danio rerio*）：AAI62071. 1；草鱼（*Ctenopharyngodon idella*）：AGI44276. 1；银鲫（*Carassius gibelio*）：AFB69326. 1；中华倒刺鲃（*Spinibarbus sinensis*）：ABE73783. 1。

10.2.4　泰国斗鱼 *npy* 基因的组织表达

利用 RT-PCR 半定量的方法分析 *npy* 基因在泰国斗鱼雌雄个体不同组织中的表达情况。在雌鱼中，*npy* 在脑的表达量最高，其次为肾脏、垂体、肝脏和性腺，而在胃、心脏、肌肉和肠中均未检测到表达信号。在雄鱼中，*npy* 同样是在脑中的表达量达到最高，其次是垂体和性腺，而在肝脏、肾脏、脾脏、心脏、肌肉和肠中均没有检测到表达信号。

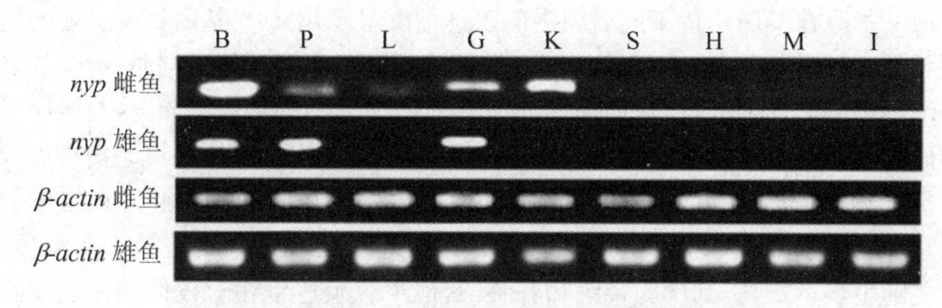

图 10-4　泰国斗鱼 *npy* 基因在不同组织中的表达情况

B 为脑，P 为垂体，L 为肝脏，G 为性腺，K 为肾脏，S 为脾脏，H 为心脏，M 为肌肉，I 为肠，*β-actin* 基因为内参对照。

10.3　讨　　论

利用现代分子克隆技术获得泰国斗鱼 *npy* 基因的 cDNA 序列全长，并开展序列结构分析，结果表明泰国斗鱼的 NPY 成熟肽具有显著的结构保守性。NPY 蛋白前体从低等的鱼类到高等的人类中，蛋白前体序列的长度与大小相似，并在 N 端具有与蛋白分泌相关的信号肽序列，属于典型的分泌型蛋白。其中泰国斗鱼 NPY 成熟肽和其他物种的 NPY 成熟肽一样，均由 36 个氨基酸残基组成，并保持着较高的序列同源性，显示出保守的结构特征，从而预示着泰国斗鱼 NPY 和其他物种的一样，具有保守的生理功能。

NPY 作为内源性的促食欲调节因子，对于生物的摄食活动发挥着十分关键的作用，下丘脑作为生物机体的食欲调节中枢，能够接收并且传递不同调节因子的信号，利用复杂的食欲调节网络，综合性地对机体的食欲进行有序调节。NPY 蛋白前体的同源性与系统进化树分析结果显示，NPY 分子进化具有独特之处。泰国斗鱼与鲈鱼等鲈形目鱼类的同源性均达到 90%以上，但与斑马鱼、金鱼和黄颡鱼等部分鱼类的同源性较低，甚至低于与高等哺乳动物的同源性，这显示出鱼类 NPY 分子进化的差异。另外，通过分子系统进化树的结果，发现鱼类的 NPY 分子在进化上分成了两个相对独立的进化分支。泰国斗鱼、鲈鱼等鱼类与人类的亲缘关系比与斑马鱼的还要近。如此显著的进化差异与通常的物种进化地位不相符。按照同源性和系统进化树的结果，克隆获得的泰国斗鱼 NPY 序列能与其他绝大多数物种(包括低等到高等脊椎动物)相聚类，应属于传统的 NPY 家族成员。但在斑马鱼等鱼类的分支中，同样含有高保守的 36 个氨基酸 NPY 成熟肽，也符合 NPY 家族成员的特征。因此，分析结果提示：在脊椎动物中可能存在两种 *npy* 亚型，但由于不同物种在进化过程中可能发生了

基因的缺失而导致 *npy* 亚型的丢失。因此,不同物种的 *npy* 在同源性和进化上显示出了明显的差异,这与在建鲤鱼中的推论相一致。

npy 基因在泰国斗鱼不同组织中的表达情况显示出 *npy* 基因具有显著的组织表达特异性,预示了 *npy* 在不同组织中发挥着不同的生理功能。同时,*npy* 的表达也显示出性别表达差异性,从而表明 *npy* 在雌雄个体中的功能差异,这与鳗鲡等鱼类的研究结果相似。泰国斗鱼 *npy* 基因在脑中的表达量最高,与其他物种的 *npy* 表达情况相一致,表明 *npy* 发挥上游神经内分泌调控功能的保守性。在脑中的高表达是 *npy* 表达的共性,但在其他组织中的表达存在着较大的差异。在鲈鱼中,*npy* 在脑中表达最高,其次为肾脏和肝脏,其他组织表达量相对较低。在点带石斑鱼中,*npy* 除脑组织外,在眼睛、胸腺、胃和卵巢等组织中同样具有较高的表达量;在鳗鲡中,*npy* 在脑、性腺和肠的表达量较高,而脾脏和胃的表达量较低,以上表明 *npy* 的组织分布显示出明显的物种差异性。

参考文献

[1] 张芬. 草鱼神经肽 Y(NPY)的 cDNA 克隆及饥饿对脑组织 NPY 表达的影响[D]. 重庆:西南大学,2008.

[2] Carpio Y, Acosta J, Morales A, et al. Cloning, expression and growth promoting action of Red tilapia (Oreochromis sp.) neuropeptide Y [J]. Peptides, 2006, 27: 710-718.

[3] Cerdá-Reverter J M, Larhammar D. Neuropeptide Y family of peptides: structure, anatomical expression, function, and molecular evolution [J]. Biochemistry and Cell Biology, 2000, 78: 371-392.

[4] Dan L. Evolution of neuropeptide Y, peptide YY and pancreatic polypeptide [J]. Regulatory Peptides, 1996, 62: 1-11.

[5] Kehoe A S, Volkoff H. Cloning and characterization of neuropeptide Y (NPY) and cocaine and amphetamine regulated transcript (CART) in Atlantic cod (*Gadusmorhua*) [J]. Comparative Biochemistry and Physiology, 2007, 146: 451-461.

[6] Kumar S, Tamura K, Nei M. MEGA3: Integrated software for Molecular Evolutionary Genetics Analysis and sequence alignment [J]. Briefings in Bioinformatics, 2004, 5: 150-163.

[7] Larsson T A, Tay B H, Sundström G, et al. Neuropeptide Y-family peptides and receptors in the elephant shark, *Callorhinchus milii* confirm gene duplications before the gnathostome radiation [J]. Genomics, 2009, 93: 254-260.

[8] Li S, Zhao L, Xiao L, et al. Structural and functional characterization of

neuropeptide Y in a primitive teleost, the Japanese eel (*Anguilla japonica*) [J]. General and Comparative Endocrinology, 2012, 179: 99-106.

[9] Liang X F, Li G Z, Yao W, et al. Molecular characterization of neuropeptide Y gene in Chinese perch, an acanthomorph fish [J]. Comparative Biochemistry and Physiology, 2007, 148: 55-64.

[10] Mathieu M, Tagliafierro G, Bruzzone F, et al. Neuropeptide tyrosine-like immunoreactive system in the brain, olfactory organ and retina of the zebrafish, *Danio rerio*, during development [J]. Developmental Brain Research, 2003, 139: 255-265.

[11] Narnaware Y K, Peter R E. Effects of food deprivation and refeeding on neuropeptide Y (NPY) mRNA levels in goldfish [J]. Comparative Biochemistry and Physiology, 2001, 129: 633-637.

[12] Rong C, Li W, Lin H. cDNA cloning and mRNA expression of neuropeptide Y in orange spotted grouper, *Epinephelus coioides* [J]. Comparative Biochemistry and Physiology, 2005, 142: 79-89.

[13] Sundström G, Larsson T A, Brenner S, et al.. Evolution of the neuropeptide Y family: New genes by chromosome duplications in early vertebrates and in teleost fishes [J]. General and Comparative Endocrinology, 2008, 155: 705-716.

[14] Tang Y, Li H, Li J, et al. Characterization and expression analysis of two distinct neuropeptide Ya paralogues in Jian carp (*Cyprinuscarpio* var. Jian) [J]. Fish Physiology and Biochemistry, 2014, 40: 1709-1719.

彩　　图

(a) 实验室搭建的人工繁殖平台

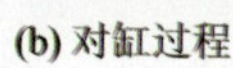

(b) 对缸过程

(c) 追尾过程

(d) 交配行为

彩图 1　泰国斗鱼的繁育过程

彩图 2　泰国斗鱼稚鱼培育

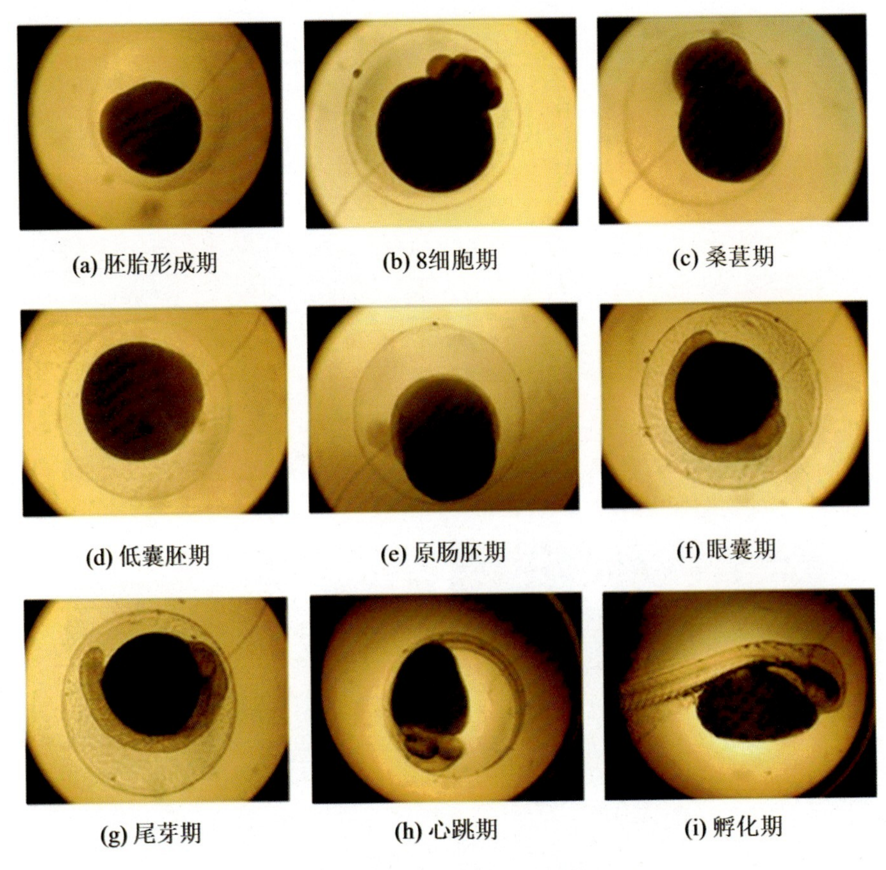

(a) 胚胎形成期 (b) 8细胞期 (c) 桑葚期

(d) 低囊胚期 (e) 原肠胚期 (f) 眼囊期

(g) 尾芽期 (h) 心跳期 (i) 孵化期

彩图 3　泰国斗鱼胚胎发育过程

彩图 4　泰国斗鱼成鱼养殖模式

彩图 5　泰国斗鱼雄性成鱼

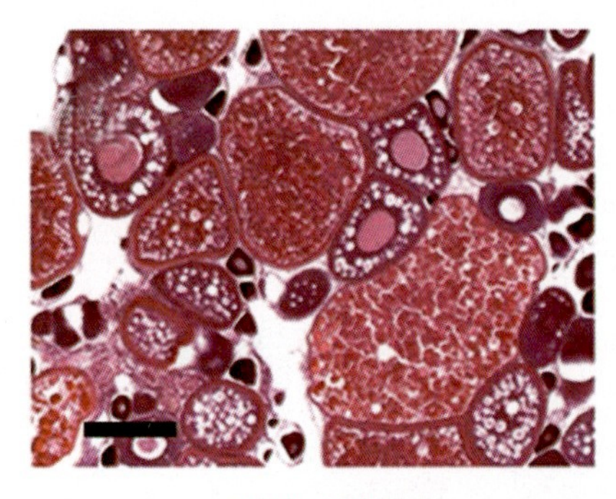

(a) 正常发育的卵巢

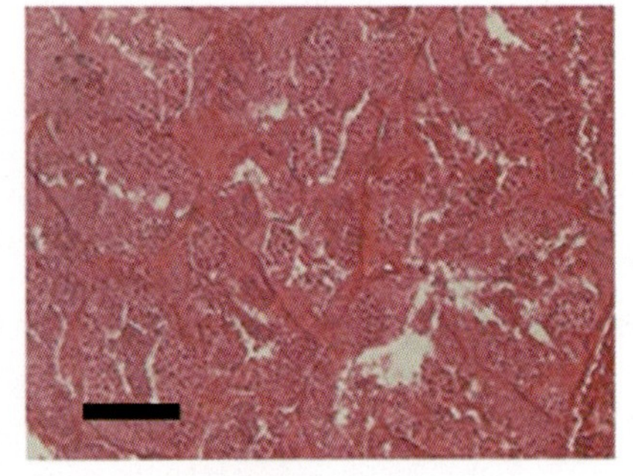

(b) 正常发育的精巢

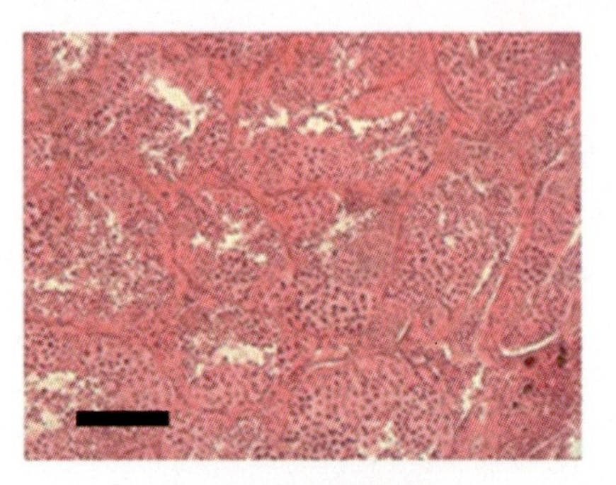

(c) 激素诱导组的精巢

彩图 6 泰国斗鱼性腺的组织学鉴定

注:标尺为 100 μm。

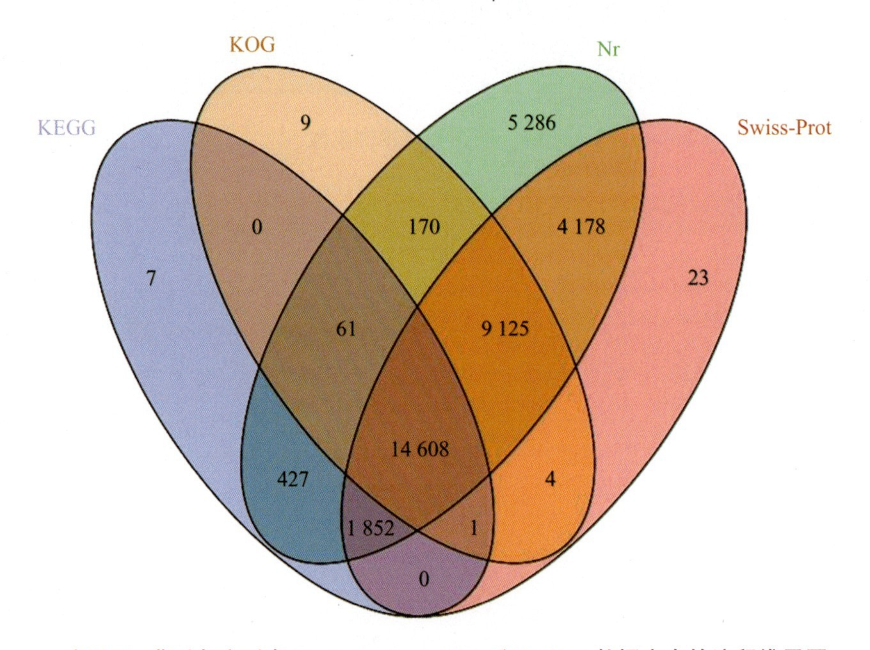

彩图 7 非重复序列在 Nr,Swiss-Prot,KOG 和 KEGG 数据库中的注释维恩图

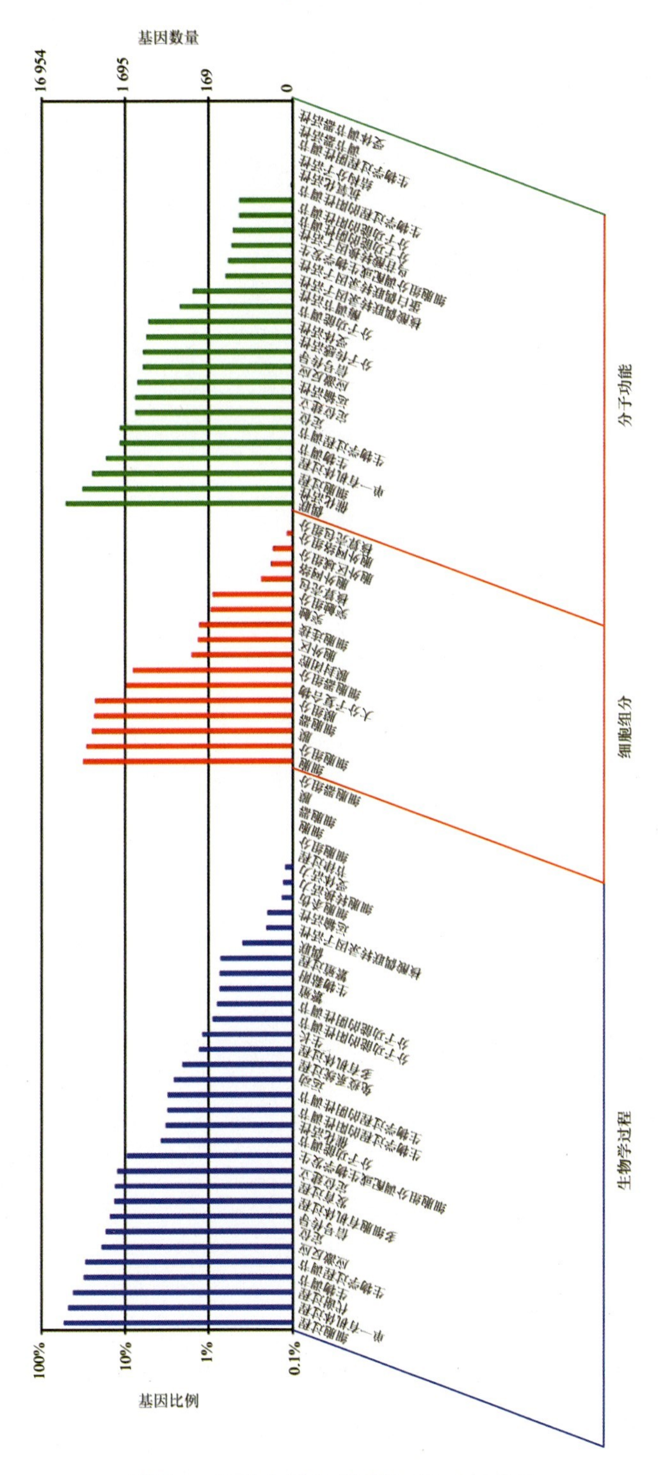

彩图 8　组装非重复序列的 GO 功能分类

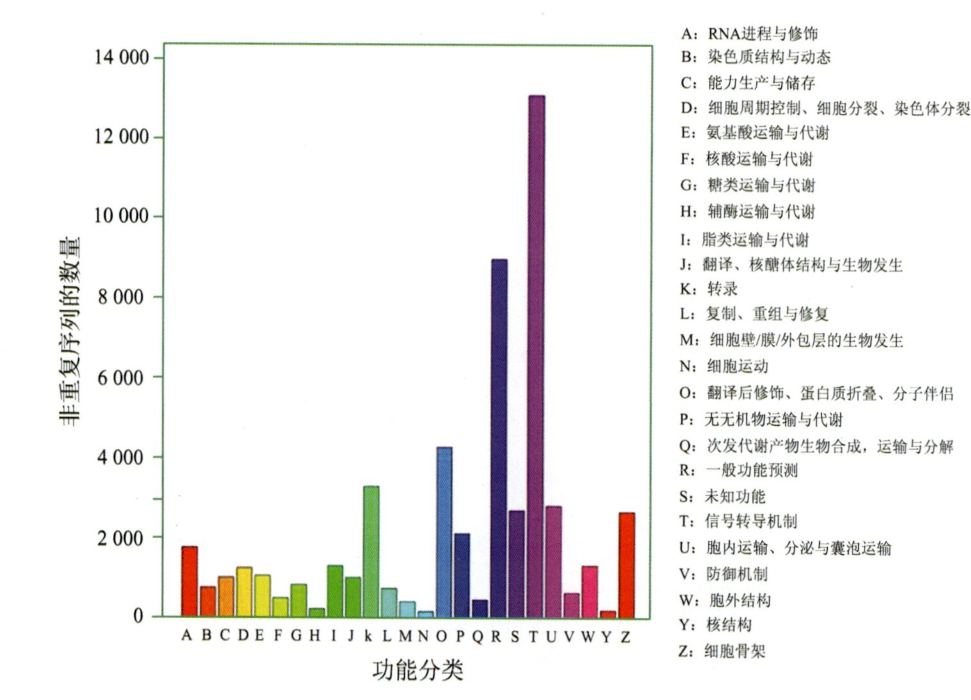

彩图 9　组装非重复序列的 KOG 功能分类

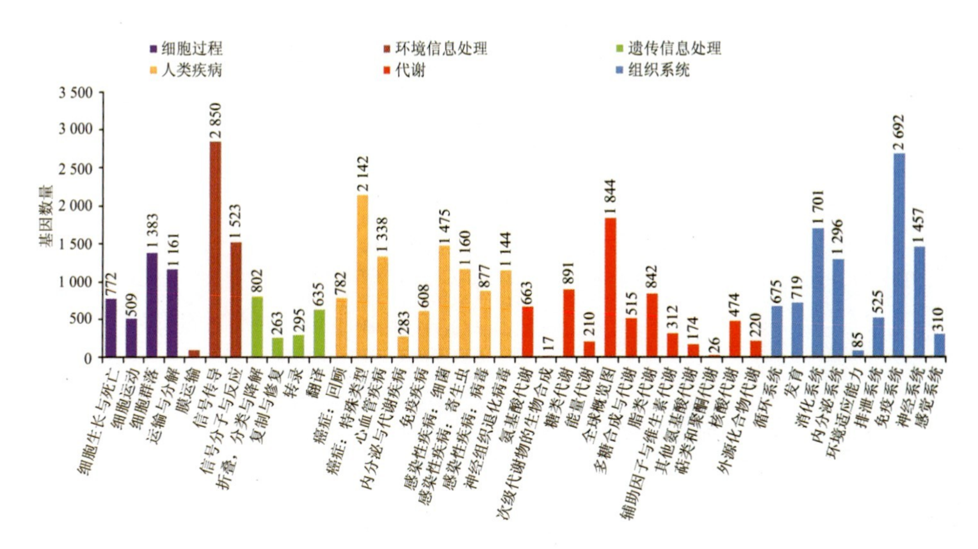

彩图 10　组装的非重复序列的 KEGG 功能分类

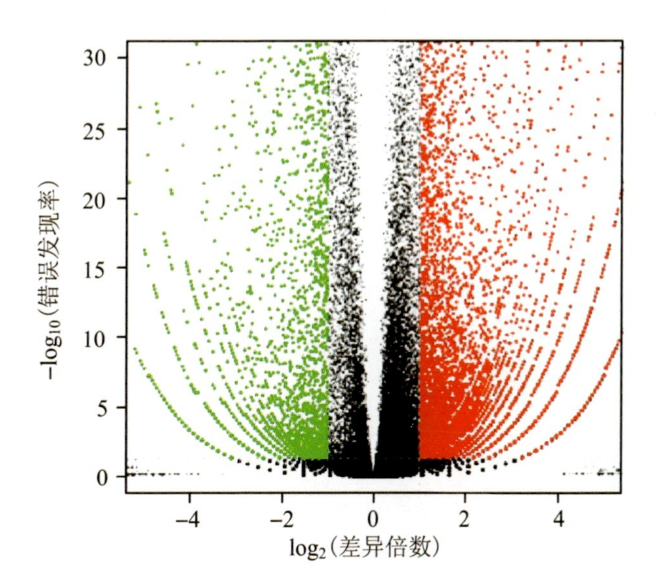

彩图 11　雌雄泰国斗鱼转录组差异表达分析

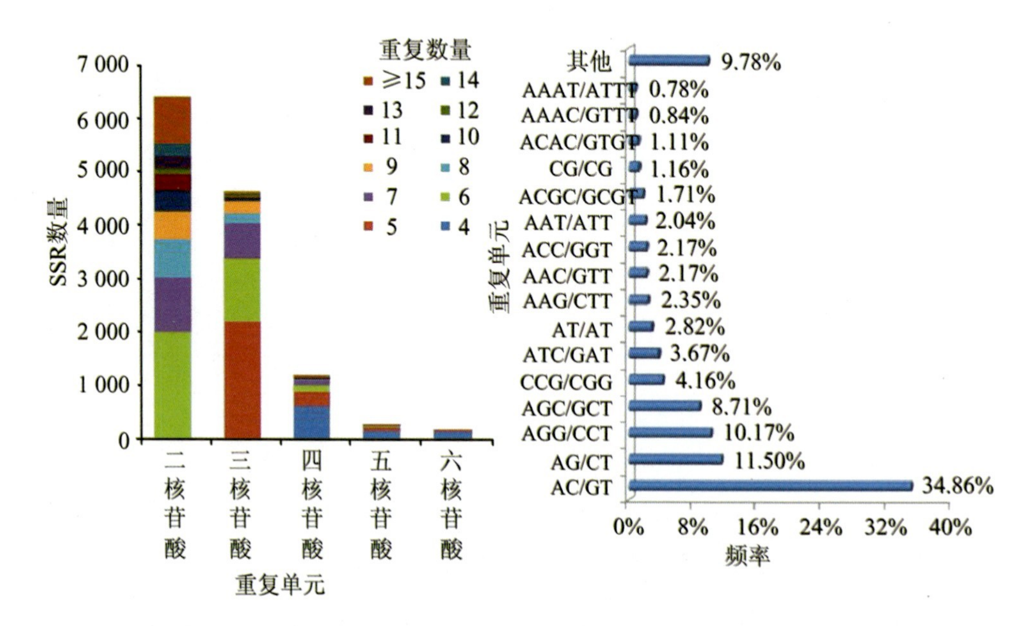

彩图 12 泰国斗鱼转录组 SSR 位点特征分析

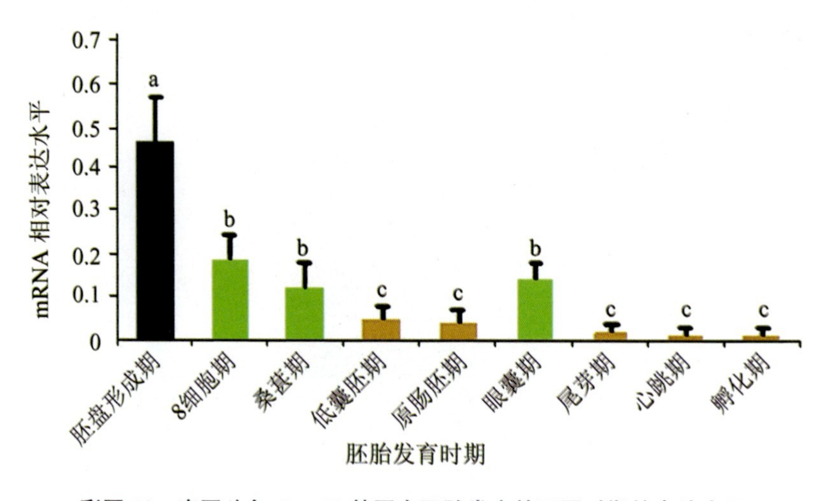

彩图 13 泰国斗鱼 *dmrt1b* 基因在胚胎发育的不同时期的表达水平